Umweltmanagement für kleine und mittlere Unternehmen

Jetzt diesen Titel zusätzlich als E-Book downloaden und 70 % sparen!

Als Käufer dieses Buchtitels haben Sie Anspruch auf ein besonderes Kombi-Angebot: Sie können den Titel zusätzlich zum Ihnen vorliegenden gedruckten Exemplar für nur 30 % des Normalpreises als E-Book beziehen.

Der BESONDERE VORTEIL: Im E-Book recherchieren Sie in Sekundenschnelle die gewünschten Themen und Textpassagen. Denn die E-Book-Variante ist mit einer komfortablen Volltextsuche ausgestattet!

Deshalb: Zögern Sie nicht. Laden Sie sich am besten gleich Ihre persönliche E-Book-Ausgabe dieses Titels herunter.

In 3 einfachen Schritten zum E-Book:

1. Rufen Sie die Website **www.beuth.de/e-book** auf.

2. Geben Sie hier Ihren persönlichen, nur einmal verwendbaren E-Book-Code ein:

   25758133A7C6735

3. Klicken Sie das „Download-Feld“ an und gehen dann weiter zum Warenkorb. Führen Sie den normalen Bestellprozess aus.

Hinweis: Der E-Book-Code wurde individuell für Sie als Erwerber dieses Buches erzeugt und darf nicht an Dritte weitergegeben werden. Mit Zurückziehung dieses Buches wird auch der damit verbundene E-Book-Code für den Download ungültig.

Umweltmanagement für kleine
und mittlere Unternehmen

DIN

Matthias Finkbeiner, Bernhard Schwager

Umweltmanagement für kleine und mittlere Unternehmen

Die ISO 14000-Serie und ihre Umsetzung

3., aktualisierte und erweiterte Auflage 2016

Herausgeber:
DIN Deutsches Institut für Normung e. V.

Beuth Verlag GmbH · Berlin · Wien · Zürich

Herausgeber: DIN Deutsches Institut für Normung e. V.

Berlin · Wien · Zürich
Am DIN-Platz
Burggrafenstraße 6
10787 Berlin

Telefon: +49 30 2601-0
Telefax: +49 30 2601-1260
Internet: www.beuth.de
E-Mail: kundenservice@beuth.de

Titelbild: (c) industrieblick, Fotolia.com
Satz: B & B Fachübersetzergesellschaft mbH, Berlin
Druck: Colonel, Krakow
Gedruckt auf säurefreiem, alterungsbeständigem Papier nach DIN EN ISO 9706

ISBN 978-3-410-25758-5
ISBN (E-Book) 978-3-410-25759-2

Vorwort

Umweltschutz und Nachhaltigkeit sind momentan in aller Munde. Die Ziele des Umweltschutzes und der Nachhaltigkeit sind gesellschaftlicher Konsens und allgemein akzeptiert. Das gilt für die nationale und internationale Politik, für Unternehmen, für die Wissenschaft, für Umweltverbände, für Verbraucherverbände sowie Arbeitgeberverbände und Gewerkschaften.

Allerdings werden die damit verbundenen Herausforderungen – vom Klimawandel, über die knapper werdenden Ressourcen bis hin zu sozialen und ökonomischen Aspekten der heute global vernetzten Produktsysteme – durch Lippenbekenntnisse alleine noch nicht gemeistert. Für alle gesellschaftlichen Gruppen und Organisationen bleibt als Aufgabe, Umweltschutz und Nachhaltigkeit auch greifbar und substanziell in die Praxis umzusetzen. Dabei stellt sich häufig eine Reihe von fundamentalen Fragen:

- Wie können wir Umweltschutz und Nachhaltigkeit eigentlich messen?
- Wie können wir Umweltschutz und Nachhaltigkeit in unseren Organisationen zielführend umsetzen und implementieren?
- Wie stellen wir sicher, dass sich die Umwelt- und Nachhaltigkeitsleistung von Produkten, Dienstleistungen und Verfahren sowohl bei Unternehmen als auch öffentlichen Einrichtungen nachweisbar und kontinuierlich verbessert?
- Wie können wir Umwelt- und Nachhaltigkeitsaspekte adäquat und glaubwürdig kommunizieren?

Wer zu diesen Fragen einfache Lösungen und Patentrezepte erwartet, wird zumeist enttäuscht. Es führen viele Wege zum Ziel und je nach Produkt, Branche, Unternehmensgröße und -kultur gilt es für die verantwortlichen Akteure, den besten Weg zu finden. Dafür gibt es als Grundlage und Rahmen heute eine Reihe von Normen, insbesondere die ISO 14000-Serie, die den internationalen Konsens zu den Methoden und Werkzeugen des Umwelt- und Nachhaltigkeitsmanagements darstellen. Diese Normen stellen einen guten Ausgangspunkt dar, um die oben aufgeworfenen Fragen für die eigene Organisation zu beantworten. Aufgrund der internationalen Akzeptanz bei allen gesellschaftlichen Gruppen sind diese Normen auch wichtig, um mit Partnern, Lieferanten oder Kunden auf Basis eines gemeinsamen Verständnisses wichtiger Begriffe, Methoden und Werkzeuge kommunizieren zu können.

Der zeitliche Anlass für diese dritte Auflage ist die gerade erfolgte Revision der zentralen Umweltmanagementsystemnorm ISO 14001.

Das Ziel dieses Buches ist es, über Neuerungen in der ISO 14001 zu informieren sowie einen Überblick und eine anwenderfreundliche Einführung zur gesamten ISO 14000-Normenfamilie zu geben. Dabei wurde versucht, insbesondere den Bedürfnissen kleinerer oder mittlerer Unternehmen gerecht zu werden, die in der Regel keine eigenen Normungsexperten beschäftigen. Wir würden uns freuen, wenn das Buch dazu beiträgt, weitere Anwender der Umweltmanagementnormen zu gewinnen. Wir sind davon überzeugt, dass diese Normen einen wichtigen Beitrag leisten können, damit wir dem Ziel des Umweltschutzes und einer nachhaltigen Entwicklung substanziell näher kommen.

Berlin, Oktober 2015
Prof. Dr. Matthias Finkbeiner Bernhard Schwager

Autorenporträts

Prof. Dr. Matthias Finkbeiner studierte Geoökologie an der Universität Bayreuth und promovierte 1997 an der Friedrich-Schiller-Universität Jena mit einer Dissertation zum Thema Ökobilanzen. Er war acht Jahre bei der Daimler AG im Bereich Ökobilanzen, Umweltgerechte Produktentwicklung und Umweltmanagement tätig, ehe er 2007 den Lehrstuhl Sustainable Engineering am Institut für Technischen Umweltschutz der Technischen Universität Berlin übernommen hat. Seit 2015 ist er geschäftsführender Direktor des Instituts für Technischen Umweltschutz. Darüber hinaus engagiert er sich in zahlreichen Gremien und arbeitet aktiv in der nationalen und internationalen Umweltnormung mit, u.a. als Vorsitzender des ISO-Gremiums zu Ökobilanzen und in der Chairman Advisory Group des ISO-Komitees für alle Umweltmanagementnormen. Er wurde u.a. in die Jury Umweltzeichen des Blauen Engels und den International Life Cycle Board des Umweltprogramms der Vereinten Nationen (UNEP) berufen, deren Carbon Footprint-Projekt er geleitet hat.

Bernhard Schwager studierte von 1980 bis 1985 Technische Chemie an der Fachhochschule Nürnberg. Zwischen 1985 und 2005 war er zuerst als Umweltschutzbeauftragter eines Werkes und später als Referent für die Unternehmensreferate Umweltschutz und Technische Sicherheit der Siemens AG tätig, anschließend wechselte er zur Robert Bosch GmbH. Im Mai 2006 wurde Schwager zum Präsidenten des Verbandes der Betriebsbeauftragten für Umweltschutz e. V. (VBU) und im Mai 2008 zum Obmann des Ausschusses Umweltmanagementsystem/Umweltaudit im Deutschen Institut für Normung (DIN NAGUS) gewählt. Seit Januar 2009 hält er einen Master der Umweltwissenschaften. Schwager ist innerhalb der zentralen Kommunikationsabteilung als Leiter der Geschäftsstelle Nachhaltigkeit von Bosch tätig. In dieser Funktion ist er unter anderem Ansprechpartner für die verschiedenen Stakeholdergruppen und treibt Nachhaltigkeitsthemen voran. Dazu vertritt der Umweltwissenschaftler das Unternehmen in verschiedenen nationalen und internationalen Organisationen und Verbänden, wie B.A.U.M., VBU, FCI, GRI, GC, ISO, DIN, econsense, BDI oder ZVEI.

Inhalt

Einleitung 1

Als neues gesellschaftliches und politisches Leitbild hat sich der Begriff der Nachhaltigkeit etabliert. Unter Nachhaltigkeit wird nicht nur Umweltverträglichkeit verstanden, sie besteht vielmehr aus den drei Dimensionen ‚Umwelt', ‚Ökonomie' und ‚Soziales', für die es gilt, ein Optimum anzustreben. Wichtige Vorarbeiten hat die Weltkommission für Umwelt und Entwicklung geleistet – nach der ehemaligen norwegischen Ministerpräsidentin Gro Harlem Brundtland als Vorsitzende auch ‚Brundtland-Kommission' genannt. Aus ihrem Abschlussbericht stammt die bekannte Definition von 1987 (1):

„Nachhaltige Entwicklung ist eine Entwicklung, die die Bedürfnisse der Gegenwart befriedigt, ohne zu riskieren, dass zukünftige Generationen ihre eigenen Bedürfnisse nicht befriedigen können."

In der Weltkonferenz zu Umwelt und Entwicklung in Rio de Janeiro (1992) wurden die Weichen auf den Weg zu nachhaltiger Entwicklung gestellt. Die Agenda von Rio listete bedeutende Themen auf, die bearbeitet werden sollten. Beispielsweise wurde im Umweltbereich das Fehlen von Normen festgestellt. Daher wurde eine Gruppe von Experten (Strategic Advisory Group on Environment, SAGE) beauftragt, Vorschläge für die Normungsarbeit zu Umweltthemen bei der International Organization for Standardization (ISO) zu entwickeln. Auf Basis dieser Vorschläge nahm dann bei ISO ein neu gegründetes Gremium – das Technische Komitee/Technical Committee Umweltmanagement (TC 207) – im Jahr 1993 seine Tätigkeit auf. Über 20 Jahre nach Rio konnte der derzeitige Vorsitzende dieses ISO-Gremiums, Prof. Dr. Robert Page aus Kanada, auf der vergangenen Plenarsitzung in Delhi auf die erfolgreiche Bereitstellung von Normen zu wichtigen Themen zurückblicken. Er ist demzufolge davon überzeugt, dass für die künftigen Herausforderungen, beispielsweise den Querbeziehungen zwischen den verschiedenen Nachhaltigkeitsdimensionen, geeignete Unterstützung mittels Normen entwickelt werden.

Unabhängig vom Thema Nachhaltigkeit ist Umweltschutz in den letzten Jahrzehnten zu einem zentralen Anliegen in der Gesellschaft geworden, zu dem alle gesellschaftlichen Gruppen ihren Beitrag leisten können und müssen. Im Umfeld des ISO/TC 207 laufen zahlreiche Aktivitäten auf politischem, ökonomischem, gesetzgeberischem und sozialem Gebiet, die potenzielle Auswirkungen auf die Normungsaktivitäten haben können. Diese müssen berücksichtigt werden, um all die vielfältigen Erwartungen der unterschiedlichen Stakeholder und gleichzeitig der Anwender der Normen zu befriedigen:

- Organisationen mit Management und Eigentümern (z. B. ökonomische Aspekte)

- Mitarbeiter (z. B. Arbeitsumgebung und deren Umweltauswirkungen)
- Politik und Behörden (z. B. Einhaltung von Gesetzen und Verordnungen)
- Versicherungen (z. B. Abschätzung der Umweltrisiken)
- Banken (z. B. Einstufung/Rating der Umwelt-Aktivitäten einer Organisation)
- Gemeinde und Nachbarschaft (z. B. Sicherheitsaspekte)
- Verbraucher (z. B. Informationen zu Unternehmen, Produkten und Dienstleistungen)
- Lieferanten (z. B. Informationen zu Erwartungen des Kunden)
- Umweltverbände (z. B. glaubwürdige Informationen über Aktivitäten einer Organisation)
- Forschung (z. B. Analyse von Daten und Weiterentwicklung der Methoden)

Darüber hinaus muss das ISO/TC 207 in der laufenden Arbeit weitere Themen und Erwartungen verschiedener Anspruchsgruppen (‚Stakeholder') berücksichtigen:

- Einbeziehung möglichst vieler Länder, insbesondere der Entwicklungs- und Schwellenländer
- Beteiligung von Umwelt- und Verbraucherverbänden
- Vertretung der kleinen Unternehmen und der mittelständischen Industrie
- Kompatibilität mit anderen Normen wie der ISO 9000-Serie zum Qualitätsmanagement
- Rechtzeitiges Erkennen von neuen Entwicklungen wie z. B. Bilanzen zu Treibhausgasen (‚Carbon Footprint') oder Wasser (‚Water Footprint').

Durch die Arbeit des Technischen Komitees 207 von ISO liegen heute zahlreiche Dokumente vor, mit denen die Herausforderungen des Umweltschutzes – auch in kleinen und mittelständischen Unternehmen – unterstützt werden. Bild 1 zeigt eine erste, grobe Einordnung der verschiedenen Aktivitäten und Instrumente des TC 207.

Die Arbeiten des ISO/TC 207 werden in Deutschland beim DIN (Deutsches Institut für Normung e. V.) durch den ‚Normenausschuss Grundlagen des Umweltschutzes' (NAGUS) gespiegelt. Die meisten im ISO/TC 207 erarbeiteten Normen sind in das deutsche Normenwerk übernommen worden. In diesem Buch wird – soweit möglich – auf die deutsche Fassung der Normen verwiesen. Zur Arbeit des NAGUS siehe auch Anhang 2.

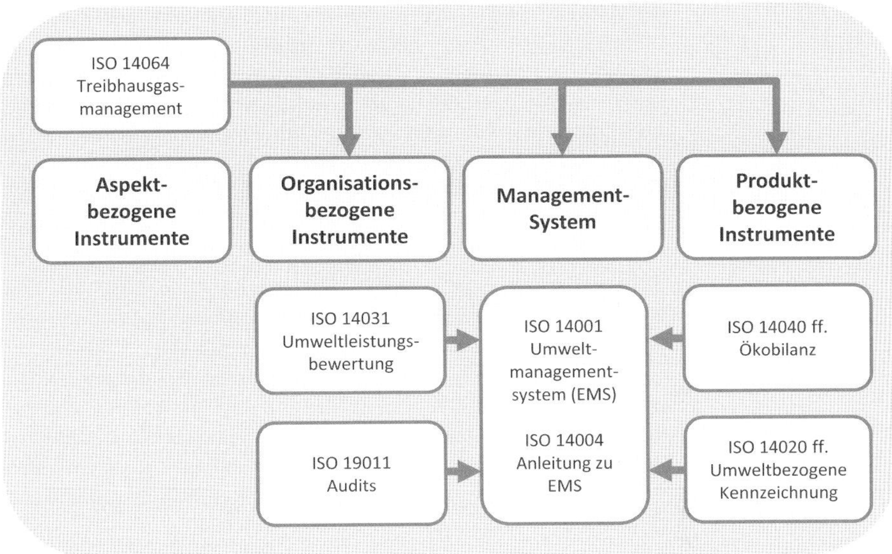

Bild 1: Vereinfachte Übersicht der Aktivitäten von ISO/TC 207

Wenn man den Erfolg der Arbeiten des ISO/TC 207 messen will, drängt sich als ein möglicherweise geeigneter Indikator die Zahl der Zertifizierungen von Umweltmanagementsystemen nach ISO 14001 auf. Im Jahr 2005 wurde erstmals die Zahl von 100 000 Zertifizierungen weltweit überschritten, im Dezember 2009 waren bereits über 200 000 Organisationen in 159 Ländern zertifiziert und im Dezember 2013 lag die Zahl schon jenseits von 300 000 Organisationen in 171 Ländern (2). Dennoch gibt es zur Verbreitung der Normen des ISO/TC 207 noch einiges zu tun, besonders in Bezug auf kleine und mittelständische Unternehmen.

Auch mit der 3. Auflage dieses Buches soll ein Beitrag für eine breitere Anwendung der vom ISO/TC 207 erarbeiteten Normen geleistet werden. Insbesondere geht es dabei um folgende Fragen:

- Wie erhält man schnellstmöglich einen Überblick über die vielen Dokumente?
- Was enthalten die unterschiedlichen Normen?
- Wer sind die (potenziellen) Anwender und welchen Nutzen können sie generieren?
- Wie muss die Normanwendung mit anderen Aktivitäten verknüpft werden?
- Wie kann die Zahl der Anwender erhöht werden?

Der Aufbau, die Grundzüge und wesentliche Inhalte dieser Auflage orientieren sich an den beiden ersten Auflagen, die von Hans-Jürgen Klüppel (1. Auflage) (3) und Matthias Finkbeiner (2. Auflage) (4) geschrieben wurden. Mit dieser 3. Auflage werden alle Kapitel überarbeitet und an den neuesten Stand der Normung angepasst. Die gerade fertiggestellte Revision der Norm ISO 14001 sowie neue Normen zur Treibhausgasbilanz von Produkten (‚Product Carbon Footprint' – ISO/TS 14067), zum Water Footprint (ISO 14046) oder zur organisationsbezogenen Ökobilanz (‚Organizational LCA', ISO/TS 14072) (5) wurden ergänzt.

Zunächst wird im 2. Kapitel die ISO 14000-Normenfamilie mit ihren Bezügen zu anderen Aktivitäten vorgestellt. Kapitel 3 beschreibt dann die Inhalte der wichtigsten Normen, deren Anwendung in Kapitel 4 an praktischen Beispielen erläutert wird. In Kapitel 5 wird die Implementierung eines Umweltmanagementsystems detaillierter beschrieben. Abschließend sind in den Anhängen die wichtigsten Definitionen und Informationen zur Normungsarbeit bei ISO und DIN zusammengestellt.

Ergänzend einige Hinweise zu den Literaturangaben und Zitaten: Am Ende des Buches findet sich ein Literaturverzeichnis mit den zusätzlich zu den Normen verwendeten Quellen. Die Normen der ISO 14000-Normenfamilie stellen die wesentliche Grundlage des Buches dar. Viele der Texte und auch der Abbildungen sind direkt dem Normenwerk entnommen. Aus Gründen der Lesbarkeit wurde dies nicht einzeln referenziert und die Normen werden auch nicht im Literaturverzeichnis wiederholt, da alle Normen in Kapitel 3 mit den entsprechenden bibliographischen Angaben dokumentiert sind. Ausgenommen davon sind Norm-Entwürfe des TC 207, die noch nicht veröffentlicht sind, und Normen aus anderen TCs. Diese werden als einzelne Quelle behandelt und nicht in Kapitel 3, sondern im Literaturverzeichnis aufgeführt. Ebenso finden sich alle zitierten Normen nochmals im Normenverzeichnis am Ende des Buches.

Die ISO 14000-Serie und ihr Umfeld 2

ISO/TC 207 hat bereits mehr als 20 Dokumente – teilweise mit einem Umfang von über 50 Seiten – veröffentlicht. Da ist es nicht einfach, einen Überblick zu bekommen. Es ist auch oft nicht sofort schlüssig, worin Sinn und Nutzen einzelner Dokumente bestehen soll. Vor einer detaillierten Einzelbetrachtung werden zunächst die zentralen Fragestellungen zu Umweltthemen und deren Bedeutung für Organisationen, aber auch für die Gesellschaft insgesamt diskutiert:

Was hat eine Organisation davon, wenn sie sich mit dem Thema Umwelt und mit Umweltmanagementsystemen auseinandersetzt?

- Kunden fordern zunehmend umweltbezogene Informationen über das Produkt und die Herstellung, z.B. Angaben zu gefährlichen Inhaltsstoffen oder Hinweise zu Abfall, Energieverbrauch, zur Ökobilanz, zum Carbon oder Water Footprint oder vieles andere.
- Das Vorhandensein eines zertifizierten Umweltmanagementsystems wird im Rahmen der Lieferantenbewertung positiv berücksichtigt oder gar gefordert.
- Das Kennen und Einhalten von Gesetzen sind eine wichtige Voraussetzung für die Geschäftsgrundlage eines Unternehmens. Die Rechtssicherheit kann durch die Einführung eines Umweltmanagementsystems erhöht und Haftungsrisiken können reduziert werden.
- Die Optimierung der internen Prozesse und Abläufe ist eine wesentliche Aufgabe eines Umweltmanagementsystems. Durch fortlaufende Verbesserung können Ressourcen eingespart oder Emissionen verringert werden. Gleichzeitig können auch Kosten reduziert werden. Zudem können sich auf Basis solcher Überlegungen neue Produkte (Innovationen) ergeben.
- Mitarbeiter werden für Umweltthemen sensibilisiert und motiviert, sowohl im betrieblichen als auch im privaten Umfeld. Ein Unternehmen mit einer solchen Kultur hat es häufig leichter, qualifizierte Mitarbeiter einzustellen.
- Eine Verbesserung des Ansehens kann erreicht werden durch intensive Auseinandersetzung mit Umweltthemen, die mit den Aktivitäten des Unternehmens verknüpft sind. Hierzu gehören auch Aspekte wie Transparenz und Dialogbereitschaft. Wenn dies auch scheinbar keine kurzfristigen Gewinne erwarten lässt, sichert es doch langfristig das Bestehen des Unternehmens und garantiert die ‚License to Operate'. Beispielsweise wird ein Journalist vor einer kritischen Veröffentlichung über ein Unternehmen mit guter Reputation diesem die Gelegenheit zur Stellungnahme

und gegebenenfalls Korrektur von falschen Informationen geben. Ferner lassen sich auch Risiken antizipieren und in ihren Auswirkungen begrenzen.

- Kreditgeber und Investoren berücksichtigen Umweltaspekte zunehmend in ihren Risikobewertungen. Geldgeber erwarten nicht nur eine konkrete Risikovorsorge bezüglich Altlasten, Anlagengenehmigungen oder Störfällen, sondern werten ein funktionierendes Umweltmanagement häufig auch generell als Indikator einer guten Unternehmensführung.

Kann Umweltmanagement als ein isoliertes Thema betrachtet werden?

- Umweltmanagement als isoliertes Thema funktioniert in der Regel nicht. Je besser es gelingt, das Umweltmanagement in die bestehenden Abläufe einer Organisation zu integrieren, desto besser das Ergebnis. Ein Umweltmanagementsystem, das einer Organisation ohne Anbindung an die realen Geschäftsprozesse lediglich ‚aufgepfropft' wird, führt nicht zum gewünschten Ergebnis und bleibt deutlich hinter den Erwartungen zurück. Natürlich soll und wird das Umweltmanagement auch zu Veränderungsprozessen in den Organisationen führen. Diese fortlaufende Verbesserung setzt aber voraus, dass das Umweltmanagement als Unterstützung und nicht als Belastung der operativen Tätigkeit wahrgenommen wird.
- Qualitätsmanagementsysteme nach DIN EN ISO 9001 werden von sehr vielen Unternehmen genutzt. Zahlreiche Forderungen dieser Norm wie z. B. zur Dokumentation, fortlaufenden Verbesserung, Schulung der Mitarbeiter, Durchführung interner Audits oder Management-Bewertung sind auch notwendig für die Einrichtung eines Umweltmanagementsystems nach DIN EN ISO 14001. Eine Verknüpfung oder Integration der beiden Systeme ist daher oft sinnvoll. Dies wird auch durch die mit der Revision in 2015 erreichte gemeinsame Struktur und Gliederung der beiden Normen erleichtert.
- Andere Ziele und Instrumente, wie z. B. Arbeitssicherheit, Kommunikation oder Risikomanagement, sollten ebenfalls in ein gemeinsames Managementsystem einbezogen werden.
- Der Qualitätsbegriff hat in den vergangenen 20 Jahren einen erheblichen Wandel erlebt, ohne dass die Definition in den ISO-Normen hätte geändert werden müssen:

  „Qualität ist die Erfüllung aller (zugesagten) Forderungen."

Diese Forderungen bezogen sich zunächst nur auf technische Aspekte wie z. B. die Produktleistung, ausgedrückt durch die Einhaltung der Spezifikationen. Im nächsten Schritt wurden alle Prozesse im Unternehmen (z. B. Entwicklung eines Produktes von der Idee bis zur Markteinführung) einschließlich der Schnittstellen zu Externen (Kunden, Lieferanten und andere Stakeholder) einbezogen im Sinne eines Qualitätsmanagementsystems. Der logische nächste Schritt war der Ausbau um Umweltaspekte, d. h. statt eines zusätzlichen Umweltmanagementsystems ein integriertes Managementsystem. Im nächsten Schritt wird nun die Erweiterung auf alle Aspekte der Nachhaltigkeit (ökonomische, ökologische und soziale) erfolgen.

Wie sind Umweltaspekte mit den Aktivitäten einer Organisation zu verknüpfen?

- Bei fast allen Aktivitäten einer Organisation spielen Umweltaspekte eine Rolle. Eine Übertragung der Aufgaben an eine einzige Abteilung kann kontraproduktiv sein, da die übrigen Einheiten sich so weitgehend entlastet glauben. Vielmehr sollten die Umweltaspekte als integraler Bestandteil der täglichen Arbeit verstanden werden, auch wenn man zur Lösung bestimmter Probleme einen Spezialisten heranziehen muss.
- Die Produktion stand in der Vergangenheit häufig allein im Vordergrund der Überlegungen im Zusammenhang mit einem Umweltmanagementsystem. Mindestens genauso wichtig sind die Produkte – hierzu gehören auch Dienstleistungen. Produkte können nach Verlassen des Unternehmens stärkere Umweltauswirkungen haben als die Produktion derselben, z. B. durch hohen Energieverbrauch in der Gebrauchsphase oder Problemlagen bei der Entsorgung.
- Arbeitsschutz ist wesentlicher Teil der täglichen Arbeit im Betrieb. Neben der Verhinderung von Arbeitsunfällen gehört dazu der vorbeugende Gesundheitsschutz. War dies in der Vergangenheit die isolierte Aufgabe für einen Fachmann oder eine Fachabteilung, sollte es heute ein integraler Bestandteil des Managementsystems sein, auch wenn dieses Thema weder in der ISO 14000- noch der ISO 9000-Serie abgehandelt wird. Anforderungen zu diesem Themenbereich finden sich bisher beispielsweise in OHSAS 18001 (6). OHSAS bedeutet Occupational Health and Safety Assessment Series und wurde von der British Standards Institution (BSI) gemeinsam mit internationalen Zertifizierungsgesellschaften entwickelt. Auch Dokumente der International Labour Organization (ILO) legen Anforderungen zum Arbeitsschutz fest.

Zukünftig werden diese Themen in der Norm ISO 45001 Arbeitsschutzmanagementsysteme ihren Niederschlag finden.

- Anregungen zur Umsetzung geben die Dokumente des ISO/TC 207, auch wenn man sich manchmal eine engere Verknüpfung der Dokumente miteinander wünschen würde. Hier liegt ein Optimierungsbedarf für die zukünftige Organisation und Arbeit des ISO/TC 207. Man darf allerdings nicht vergessen, dass die verschiedenen Normen von unabhängigen Unterkomitees mit verschiedenen Zielsetzungen entwickelt werden.

Ist ‚Umwelt' (oder Umweltmanagement) nur ein Thema für große Firmen?

- Häufig treten Missverständnisse bei der Anwendung des Instrumentariums auf. Im Vordergrund steht dabei die Zertifizierung nach DIN EN ISO 14001, die oft mit – zumindest für kleine Unternehmen – zu hohen Kosten verbunden wird. Vergessen wird dabei, dass die Zertifizierung nur eine mögliche Anwendung dieser Norm darstellt. Außerdem gibt es neben dieser Norm andere Dokumente, die zum Vorteil des Unternehmens eingesetzt werden können. Den Kosten steht in aller Regel nicht nur ein qualitativer, sondern auch ein quantitativer, geldwerter Vorteil gegenüber, der z.B. durch die Einsparung von Material-, Energie- und Entsorgungsaufwand realisiert wird.
- Die Normenreihe wendet sich an Organisationen aller Bereiche, d.h. an produzierende Unternehmen, Dienstleister und Handel, aber auch an alle anderen Organisationen wie z.B. Behörden, Umwelt- und Verbraucherverbände, Gewerkschaften oder die Verwaltung.
- Kleine Unternehmen haben häufig kein Interesse oder erwarten Probleme bei der Implementierung eines Umweltmanagementsystems, obwohl die Ersteller der Normen gerade auch diese Aspekte bei der Entwicklung der Dokumente versuchen zu berücksichtigen. Es gab im ISO/TC 207 lange Zeit eine sogenannte SME-Task Force, die die Interessen kleiner und mittelständischer Unternehmen (KMU) vertreten hat. Diese Gruppe ist auch weiterhin Teil des Stakeholder-Forums des ISO/TC 207, das die Erwartungen der verschiedenen Anspruchsgruppen bündelt. Der Zweck der Norm ISO 14005 Umweltmanagementsysteme – Anleitung für eine stufenweise Einführung eines Umweltmanagementsystems – unter Einbeziehung der Umweltleistungsbewertung ist es ganz explizit, „Organisationen, insbesondere kleine und mittelständische Unternehmen, zu ermutigen, ein Umweltmanagementsystem (UMS) zu entwickeln und einzuführen, das die Anforderungen von ISO 14001 erfüllt, und sie dabei anzuleiten".

Welche Berührungspunkte bestehen zwischen dem betrieblichen Umweltschutz und externen Aktivitäten?

- Jedes Unternehmen sollte möglichst gute Beziehungen zu seinen Nachbarn haben. Dazu gehört mehr als nur das Entgegennehmen von Beschwerden; vielmehr ist eine aktive Kommunikation notwendig. In vielen Gemeinden existiert eine ‚Lokale Agenda', die als Basis für das Miteinander genutzt werden kann.
- Die Behörden sehen sich mitunter nur als Kontrollorgane. Eine frühzeitige Einbindung in betriebliche Aktivitäten kann das Vertrauen steigern und das Arbeitsklima verbessern.
- Die Politik glaubt häufig an die Wirkung von immer mehr Gesetzen. Ein frühzeitiger Austausch von Informationen über einerseits Ziele der Politik und andererseits den Status in den Unternehmen könnte einen positiven Beitrag für eine vernünftige Entwicklung liefern.
- Die NGOs (Non Governmental Organizations/Nicht-Regierungsorganisationen wie Umweltverbände, Verbraucherverbände) haben ein berechtigtes Interesse an Informationen und Einbezug, wobei allerdings nicht vergessen werden darf, dass die Verantwortung für alle Maßnahmen bei den Unternehmen verbleibt.
- Die Gewerkschaften als Vertreter der Arbeitnehmer sind naturgemäß an allen betriebsinternen Prozessen und einer umfassenden Information der Belegschaft interessiert. Ein besonderer Schwerpunkt ist dabei die Arbeitssicherheit.
- Die Wissenschaft kann mit neuen Erkenntnissen Hilfe bei der betriebsinternen Optimierung leisten. Häufig sind dabei KMU überfordert, hier müssen Wirtschaftsverbände die Rolle des Vermittlers übernehmen. Auch gibt es eine Reihe von Förderprogrammen für KMU und Universitäten, die bei der Implementierung genutzt werden können.

Welche Verbindung besteht zwischen Umweltschutz und Nachhaltigkeit/nachhaltiger Entwicklung?

- Nachhaltigkeit umfasst drei Säulen, neben den ökologischen auch die sozialen und ökonomischen Aspekte. Das Ziel besteht dabei in der Balance zwischen den drei Dimensionen. Meist wird Nachhaltigkeit nicht als Zustand, sondern als Prozess mit fortlaufender Verbesserung verstanden. Dabei können natürlich nicht immer alle Aspekte gleichzeitig verbessert werden, sondern das Setzen von Prioritäten ist notwendig.
- Das ISO/TC 207 beschäftigte sich ursprünglich ausschließlich mit Umweltthemen und verstand dies als Beitrag auf dem Weg zur

Nachhaltigkeit. Der Aufgabenbereich wurde 2003 dahingehend erweitert, dass nunmehr auch die ökonomische und die soziale Säule der Nachhaltigkeit unter dem Umweltblickwinkel betrachtet und in die Normen einbezogen werden sollen. Erste Normvorhaben des ISO/TC 207, die auch ökonomische Aspekte beinhalten, wie z. B. die ISO 14045 zur Ökoeffizienzanalyse und die ISO 14051 zur Materialflusskostenrechnung, wurden erfolgreich abgeschlossen.

Welche Themen behandeln die Dokumente des ISO/TC 207?

- Als das ISO/TC 207 im Jahr 1993 seine Arbeit aufnahm, wurden fünf Unterkomitees mit folgenden Aufgabenbereichen gegründet:
  SC 1: Umweltmanagementsystem (ISO 14001 + ISO 14004)
  SC 2: Audits (ISO 14010–14012, später ISO 19011)
  SC 3: Umweltbezogene Kennzeichnung (ISO 14020 ff.)
  SC 4: Umweltleistungsbewertung (ISO 14031 + ISO 14032)
  SC 5: Ökobilanz (ISO 14040 ff., inzwischen auch ISO 14070 ff.)
- Die Unterkomitees entwickelten in der Folgezeit verschiedene Dokumente auf ihrem jeweiligen Arbeitsgebiet. Die Zusammenhänge zwischen den verschiedenen ISO 14000er-Dokumenten waren bereits in der Einleitung dargestellt.
- Die aktuelle Struktur des ISO/TC 207 ist in Bild 2 schematisch dargestellt. Neben den oben genannten Unterkomitees sind bis heute zusätzlich das SC 7 zum Management der Treibhausgasemissionen, die Terminology Coordination Group (anstelle eines SC 6) zur Abstimmung aller Begriffe/Definitionen sowie die Chairman Advisory Group (CAG) gegründet worden. Das CAG inkl. seiner Arbeitsgruppen ist vor allem dazu da, den zukünftigen Normungsbedarf zu ermitteln und die eingehenden Normungsanträge dahingehend zu prüfen, ob diese überhaupt notwendig sind und der Strategie des TC 207 entsprechen. Weiterhin sollen im sogenannten CAG Subkomitee übergreifende Themen behandelt werden.

Gibt es außerhalb des ISO/TC 207 weitere Aktivitäten, die zu diesem Tätigkeitsfeld gehören?

- Grundsätzlich zeichnen sich ISO-Normen durch die internationale Akzeptanz bei den verschiedenen Anspruchsgruppen aus. Allerdings gibt es zu allen Gebieten der Normung im ISO/TC 207 weitere Aktivitäten, die entweder auf den Normen des ISO/TC 207 aufbauen, mit den Normenausschüssen des ISO/TC 207 kooperieren oder aber auch mit den bei ISO erarbeiteten Normen konkurrieren. Nachfolgend einige Beispiele relevanter Initiativen – ohne Anspruch auf Vollständigkeit.

Bild 2: Organisationsstruktur von ISO/TC 207

- Bei den Umweltmanagementsystemen ist neben der ISO 14001 die sogenannte EMAS zu erwähnen. EMAS ist die Kurzbezeichnung für Eco-Management and Audit Scheme, auch bekannt als EU-Öko-Audit oder Öko-Audit. EMAS wurde von der Europäischen Union entwickelt und ist ein Gemeinschaftssystem aus Umweltmanagement und Umweltbetriebsprüfung für Organisationen, die ihre Umweltleistung verbessern wollen. In der Anfangszeit um 1995 gab es heftige, auch emotional geführte Diskussionen um die Vor- und Nachteile der beiden Instrumente wie z.B. den Geltungsbereich (EU versus Welt), weitergehende Forderungen durch EMAS oder den Anwendungsbereich (Standort versus Organisation). Inzwischen hat sich durch Weiterentwicklungen besonders von EMAS und Erfahrungen mit der Anwendung der beiden Werkzeuge herauskristallisiert, dass sich beide Systeme gegenseitig ergänzen. Da zahlreiche Forderungen identisch sind, kann die Zertifizierung nach ISO 14001 die Basis bilden, auf die dann die weitergehenden Forderungen von EMAS aufgesattelt werden. Hierbei handelt es sich unter anderem um die Registrierung bei einer zugelassenen Stelle (einschließlich Stellungnahme von Behörden) und die Veröffentlichung einer Umwelterklärung. Die Zahl der Organisationen, die sich nach EMAS validieren lassen, ist in den alten EU-Staaten leicht rückläufig und in den meisten seit 2004 der EU beigetretenen Staaten leicht steigend. Der ‚Höhepunkt' der EMAS-Validierungen lag in den Jahren 2001 und 2002, wobei nach wie vor Deutschland, Italien und Spanien die meisten EMAS-Validierungen haben. In Deutschland gingen die Registrierungen kontinuierlich zurück und lagen in 2014 noch bei rund 1 200 Organisationen mit 1 900 Standorten. Europaweit waren das rund 3 000 Organisationen mit knapp 10 000 Standorten (7). Die Gründe für die schleppende Zunahme oder gar Abnahme der EMAS-Validierungen sind vielschichtig. Die mangelnde internationale Akzeptanz von EMAS dürfte eine wichtige Rolle spielen. Die internationale Norm ISO 14001 ist weltweit anerkannt, EMAS hingegen auf die EU beschränkt. Ein weiterer Aspekt ist sicher der zusätzliche Aufwand, insbesondere für die Umwelterklärung.

- Bei den Umweltkennzeichen sind das Global Ecolabelling Network (GEN) (8) und das Global Environmental Declaration Network (GEDnet) (9) zu nennen. Diese Initiativen bauen auf den ISO-Normen zu Umweltkennzeichen auf (ISO 14020 ff.), vereinen verschiedene Anbieter und Programme von Umweltzeichen und -deklarationen und kooperieren bei der Weiterentwicklung der Normen zu Umweltkennzeichen mit dem ISO/TC 207.
- Im Kontext der Umweltleistungsbewertung ist die Global Reporting Initiative (GRI) von Bedeutung, die einen Leitfaden für die Nutzung von Indikatoren zur Erstellung von Nachhaltigkeitsberichten erarbeitet hat (10). Die GRI geht sowohl bei der Beschreibung als auch bei den Nachhaltigkeitsdimensionen über ISO 14031 hinaus; allerdings veröffentlicht die GRI auch allgemeine und sektorspezifische Indikatoren zur Umweltleistungsbewertung von Organisationen.
- Im Bereich der Ökobilanzierung sind die Normen der ISO 14040-Reihe generell als methodischer Rahmen akzeptiert. Allerdings gibt es einige Initiativen, die auf den Normen aufbauen und methodische Beiträge zur Weiterentwicklung leisten. Hier sind insbesondere die sogenannte Life Cycle Initiative des Umweltprogramms der Vereinten Nationen (UNEP) (11) sowie die Aktivitäten der EU-Kommission durch die European Platform for Life Cycle Assessment (12) zu nennen. Diese Plattform ist zum einen ein

Informationsportal und zum anderen werden europäische Ökobilanzdaten bereitgestellt. Weiterhin wird ein Handbuch zur Ökobilanzierung veröffentlicht.

- Im Gegensatz zu den allgemein akzeptierten Normen der Ökobilanz stehen die Normen zur Bestimmung der Treibhausgasbilanzen von Unternehmen (ISO 14064) und Produkten (ISO 14067) in Konkurrenz zu nationalen Rechtsnormen und internationalen Initiativen. Bei der quantitativen Bestimmung und Berichterstattung von Treibhausgasemissionen auf Organisationsebene besteht in Europa Konkurrenz zur Berechnungsmethode des EU-Emissionshandelssystems (13) und international mit den Leitfäden des Greenhouse Gas Protocols (14). Die Leitfäden des GHG-Protocols zu Produkten liegen bereits seit dem Jahr 2011 vor, während der ISO-Prozess zu ISO/TS 14067 erst in 2013 abgeschlossen werden konnte. Auch nationale Normen anderer Länder, wie der sogenannte PAS 2050 (15) aus dem Vereinigten Königreich, erfreuen sich noch an einer über das eigene Land hinausgehenden Bedeutung, da die einschlägige ISO-Norm erst später vorlag und nicht unumstritten war.
- Auch zum Thema des Water Footprint (ISO 14046) gibt es eine Initiative, die einen eigenen ‚Standard' anbietet, das sogenannte Water Footprint Network mit seinem Global Water Footprint Standard (16). Auch wenn in diesem Netzwerk prominente Firmen und einige NGOs vertreten sind, so ist der ISO-Standard wissenschaftlich eindeutig belastbarer. Er addiert nicht allein verschiedene Arten von (virtuellem) Wasser in Litern auf, sondern fordert Methoden, die die tatsächliche Wirkung auf die Umwelt besser abbilden (17).

Vorstellung der einzelnen Normengruppen 3

Das ISO/TC 207 hat seit seiner Gründung im Jahre 1993 die nachfolgenden Dokumente erarbeitet, die alle beim Beuth Verlag (www.beuth.de) in der jeweils aktuell gültigen Fassung bezogen werden können. Die wichtigsten Dokumente werden später in diesem Kapitel vorgestellt. In dieser Übersicht und im Normenverzeichnis werden die jeweiligen Ausgaben der Normen vollständig genannt, im Text aus Gründen der Lesbarkeit nicht.

Umweltmanagementsystem

- DIN EN ISO 14001:2015-11, Umweltmanagementsysteme – Anforderungen mit Anleitung zur Anwendung (ISO 14001:2015); Deutsche und Englische Fassung EN ISO 14001:2015
- DIN EN ISO 14004:2016 (geplant), Umweltmanagementsysteme – Allgemeiner Leitfaden über Grundsätze, Systeme und unterstützende Methoden; Deutsche und Englische Fassung (derzeit noch im Entwurfsstadium von 2015-03)
- ISO 14005:2010-12, Umweltmanagementsysteme – Anleitung für eine phasenweise Einführung eines Umweltmanagementsystems – Unter Einbeziehung der Umweltleistungsbewertung; Englische Fassung
- DIN EN ISO 14006:2011-10, Umweltmanagementsysteme – Leitlinien zur Berücksichtigung umweltverträglicher Produktgestaltung (ISO 14006:2011); Deutsche und Englische Fassung EN ISO 14006:2011
- DIN EN ISO/IEC 17021-1:2015-11, Konformitätsbewertung – Anforderungen an Stellen, die Managementsysteme auditieren und zertifizieren – Teil 1: Anforderungen (ISO/IEC 17021-1:2015); Deutsche und Englische Fassung EN ISO/IEC 17021-1:2015
- ISO/IEC TS 17021-2:2012-08, Konformitätsbewertung – Anforderungen an Stellen, die Managementsysteme auditieren und zertifizieren – Teil 2: Anforderungen an die Kompetenz für die Auditierung und Zertifizierung von Umweltmanagementsystemen; Englische Fassung EN ISO/IEC 17021:2012

Audit

- DIN EN ISO 19011:2011-12 – Leitfaden für Audits von Managementsystemen (ISO 19011:2011); Deutsche und Englische Fassung, dazu DIN EN ISO 19011 Berichtigung 1:2013-05
- DIN EN ISO 14015:2010-08, Umweltmanagement – Umweltbewertung von Standorten und Organisationen (UBSO) (ISO 14015:2001); Deutsche und Englische Fassung EN ISO 14015:2010

Umweltkennzeichnung

- DIN EN ISO 14020:2002-02, Umweltkennzeichnungen und -deklarationen – Allgemeine Grundsätze (ISO 14020:2000); Deutsche Fassung EN ISO 14020:2001
- DIN EN ISO 14021:2012-04, Umweltkennzeichnungen und -deklarationen – Umweltbezogene Anbietererklärungen (Umweltkennzeichnung Typ II) (ISO 14021:1999 + Amd 1:2011); Deutsche und Englische Fassung EN ISO 14021:2001 + A1:2011
- DIN EN ISO 14024:2001-02, Umweltkennzeichnungen und -deklarationen (Umweltkennzeichnung Typ I) – Grundsätze und Verfahren (ISO 14024:1999); Deutsche Fassung EN ISO 14024:2000
- DIN EN ISO 14025:2011-10, Umweltkennzeichnungen und -deklarationen – Typ III Umweltdeklarationen – Grundsätze und Verfahren (ISO 14025:2006); Deutsche und Englische Fassung EN ISO 14025:2011

Umweltleistungsbewertung

- DIN EN ISO 14031:2013-12, Umweltmanagement – Umweltleistungsbewertung – Leitlinien (ISO 14031:2013); Deutsche und Englische Fassung EN ISO 14031:2013
- ISO/TS 14033:2012-03, Umweltmanagement – Quantitative Umweltinformation – Leitlinien und Beispiele; Englische Fassung ISO/TS 14031:2012

Ökobilanz

- DIN EN ISO 14040:2009-11, Umweltmanagement – Ökobilanz – Grundsätze und Rahmenbedingungen (ISO 14040:2006); Deutsche und Englische Fassung EN ISO 14040:2006
- DIN EN ISO 14044:2006-10 – Umweltmanagement – Ökobilanz – Anforderungen und Anleitungen (ISO 14044:2006); Deutsche und Englische Fassung EN ISO 14044:2006 (DIN EN ISO 14040 + DIN EN ISO 14044 ersetzen DIN EN ISO 14040, DIN EN ISO 14041, DIN EN ISO 14042 und DIN EN ISO 14043)
- DIN EN ISO 14045:2012-10, Umweltmanagement – Ökoeffizienzbewertung von Produktsystemen – Prinzipien, Anforderungen und Leitlinien (ISO 14045:2012); Deutsche und Englische Fassung EN ISO 14045:2012
- ISO 14046:2014-08, Umweltmanagement – Wasser-Fußabdruck – Grundsätze, Anforderungen und Leitlinien (ISO 14046:2014); Englische Fassung EN ISO 14046:2014

- ISO/TR 14047:2012-06, Umweltmanagement – Wirkungsabschätzung – Beispiele für die Anwendung von ISO 14044 zur Wirkungsabschätzung; Englische Fassung ISO/TR 14047:2012
- ISO/TS 14048:2002-04, Umweltmanagement – Ökobilanz – Datendokumentationsformat; Englische Fassung ISO/TS 14048:2002
- ISO/TR 14049:2012-06, Umweltmanagement – Ökobilanz – Beispiele zur Anwendung von ISO 14044 zur Festlegung des Ziels und des Untersuchungsrahmens sowie zur Sachbilanz; Englische Fassung ISO/TR 14049:2012
- ISO/TS 14071:2014-06, Umweltmanagement – Ökobilanz – Prozesse der Kritischen Prüfung und Kompetenzen der Prüfer: Zusätzliche Anforderungen und Anleitungen zu ISO 14044:2006; Englische Fassung ISO/TS 14071:2014
- ISO/TS 14072:2014-12, Environmental management – Life cycle assessment – Requirements and guidelines for organizational life cycle assessment; Englische Fassung ISO/TS 14072:2014

Definitionen

- DIN EN ISO 14050:2010-08, Umweltmanagement – Begriffe (ISO 14050:2009); Dreisprachige Fassung EN ISO 14050:2010

Treibhausgasmanagement

- DIN EN ISO 14064-1:2012-05, Treibhausgase – Teil 1: Spezifikation mit Anleitung zur quantitativen Bestimmung und Berichterstattung von Treibhausgasemissionen und Entzug von Treibhausgasen auf Organisationsebene (ISO 14064-1:2012); Deutsche und Englische Fassung EN ISO 14064-1:2012
- DIN EN ISO 14064-2:2012-05, Treibhausgase – Teil 2: Spezifikation mit Anleitung zur quantitativen Bestimmung, Überwachung und Berichterstattung von Reduktionen der Treibhausgasemissionen oder Steigerungen des Entzugs von Treibhausgasen auf Projektebene (ISO 14064-2:2006); Deutsche und Englische Fassung EN ISO 14064-2:2012
- DIN EN ISO 14064-3:2012-05, Treibhausgase – Teil 3: Spezifikation mit Anleitung zur Validierung und Verifizierung von Erklärungen über Treibhausgase (ISO 14064-3:2006); Deutsche und Englische Fassung EN ISO 14064-3:2012
- DIN EN ISO 14065:2013-07, Treibhausgase – Anforderungen an Validierungs- und Verifizierungsstellen für Treibhausgase zur Anwendung bei der Akkreditierung oder anderen Formen der Anerkennung (ISO 14065:2013); Deutsche und Englische Fassung EN ISO 14065:2013

- ISO 14066:2011-04, Treibhausgase – Kompetenzanforderungen für Validierungs- und Verifizierungsteams von Treibhausgasen, Ausgabedatum: 2011-04; Englische Fassung ISO 14066:2011
- ISO/TS 14067:2014-09, Treibhausgase – Carbon Footprint von Produkten – Anforderungen an und Leitlinien für Quantifizierung und Kommunikation (ISO/TS 14067:2013); Deutsche und Englische Fassung CEN ISO/TS 14067:2014
- ISO/TR 14069:2013-05, Treibhausgase – Quantifizierung und Berichterstattung von Treibhausgasemissionen für Organisationen – Leitfaden für die Anwendung der ISO 14064-1; Englische Fassung ISO/TR 14069:2013

Sonstiges

- DIN EN ISO 14051:2011-12, Umweltmanagement – Materialflusskostenrechnung – Allgemeine Rahmenbedingungen (ISO 14051:2011); Deutsche und Englische Fassung EN ISO 14051:2011
- DIN-Fachbericht ISO/TR 14062:2003, Umweltmanagement – Integration von Umweltaspekten in Produktdesign und -entwicklung; Deutsche und Englische Fassung ISO/TR 14062:2002
- DIN EN ISO 14063:2010-10, Umweltmanagement – Umweltkommunikation – Anleitungen und Beispiele (ISO 14063:2006); Deutsche Fassung EN ISO 14063:2010
- DIN SPEC 59; DIN ISO Guide 64:2010-05, Leitfaden zur Einbeziehung von Umweltgesichtspunkten in Produktnormen (ISO Guide 64:2008)
- DIN ISO 26000:2011-01, Leitfaden zur gesellschaftlichen Verantwortung; Deutsche Fassung ISO 26000 (ISO 26000:2010)

3.1 Umweltmanagementsystem

DIN EN ISO 14001:2015-11, Umweltmanagementsysteme – Anforderungen mit Anleitung zur Anwendung (ISO 14001:2015); Deutsche und Englische Fassung EN ISO 14001:2015
DIN EN ISO 14004:2016 (geplant), Umweltmanagementsysteme – Allgemeiner Leitfaden über Grundsätze, Systeme und unterstützende Methoden; Deutsche und Englische Fassung (derzeit noch im Entwurfsstadium von 2015-03)
ISO 14005:2010-12, Umweltmanagementsysteme – Anleitung für eine phasenweise Einführung eines Umweltmanagementsystems – Unter Einbeziehung der Umweltleistungsbewertung; Englische Fassung
DIN EN ISO 14006:2011-10, Umweltmanagementsysteme – Leitlinien zur Berücksichtigung umweltverträglicher Produktgestaltung (ISO 14006:2011); Deutsche und Englische Fassung EN ISO 14006:2011

Die Norm 14001 ist die am meisten angewendete Norm mit großer Bedeutung innerhalb der Normenfamilie. Die Normen 14005 und 14006 sind neueren Datums und sind als Ergänzung zu ISO 14001 zu verstehen.

3.1.1 DIN EN ISO 14001 – Umweltmanagementsystem

Die Norm ISO 14001 legt Anforderungen an ein Umweltmanagementsystem fest, deren wesentliche Bestandteile in Bild 3 dargestellt sind.

Die ISO 14001 wurde erstmals im Jahr 1996 veröffentlicht. Eine erste Revision wurde 2005 ohne wesentliche Änderungen abgeschlossen. Im Februar 2012 startete ISO erneut einen Revisionsprozess, denn mittlerweile waren die Elemente dieser Norm annähernd 20 Jahre alt. Die Revision zielte darauf ab, das Umweltmanagement verstärkt in die Geschäftsprozesse einer Organisation zu integrieren und deren vorhandene Potenziale zu heben. Dabei lag der Revisionsfokus auf folgenden Themen:

- Einbezug aktueller und künftiger Umwelt- und Geschäftsbelange zur Unterstützung der strategischen Ausrichtung einer Organisation;
- Stakeholderorientierung durch Ermittlung und Berücksichtigung von Anforderungen interessierter Parteien, wobei diese auch Behörden und regelsetzende Institutionen mit einschließen;

- Fokussierung auf Einhaltung zutreffender Rechtsgrundlagen und Selbstverpflichtungen, sogenannter bindender Verpflichtungen einer Organisation;
- Risikoermittlung hinsichtlich Gefahren und Chancen im Zusammenhang mit signifikanten Umweltaspekten und anwendbaren bindenden Verpflichtungen;
- Gezielte Messung der Umweltleistung bezüglich der Umweltziele anhand von festzulegenden Leistungsindikatoren;
- Integration des Lebensweggedankens von der Produktentwicklung bis hin zum Ende des Produktlebenswegs sowie bei Lieferketten und ausgelagerten Prozessen;
- Stärkung der internen und externen Kommunikation;
- Akzeptanz und Anwendungsmöglichkeit für kleine und mittlere Unternehmen durch eine schlankere Dokumentation des Umweltmanagementsystems;
- Verbindung beziehungsweise Integration paralleler und ergänzender Managementsysteme durch die gemeinsame ISO-Grundstruktur für Managementsystemnormen.

Eine stete Herausforderung bei der Überarbeitung existenter und der Erstellung neuer Managementsystemnormen ist deren Einbettung in die von ISO vorgegebene Grundstruktur für Managementsystemnormen (High-Level-Structure – HLS). Diese Struktur aus dem Jahr 2012 definiert unter anderem harmonisierte Begriffe und Textbausteine für alle Managementsystemnormen und gibt somit verbindlich einen festen Rahmen vor, der zwar bedarfsweise erweitert, jedoch nicht in seiner Grundkonzeption geändert werden darf.

Mit der Novellierung der ISO 14001 wird sich die Perspektive von Umweltaspekten erweitern. War in der Vergangenheit der vorherrschende Blick auf Umweltaspekte gerichtet, die von der Organisation auf die Umwelt einwirken, so spielt nun auch die entgegengesetzte Betrachtung eine Rolle. Damit wird relevant, inwiefern die Umwelt Auswirkungen auf die Organisation selbst haben kann und wie die Organisation diesen Auswirkungen, beispielsweise möglichen Überschwemmungen und Erdbeben begegnet. Unter dem Stichwort „die Umwelt schützen“ werden auch die Erwartungen auf Organisationen um proaktive Initiativen erweitert; dazu zählen nachhaltige Ressourcennutzung, Klimaschutz und Anpassung sowie Schutz der biologischen Vielfalt.

Neu ist auch eine Verschiebung der Schwerpunkte im Hinblick auf die fortlaufende Verbesserung, und zwar von der Verbesserung des Managementsystems hin zur Verbesserung der Umweltleistung durch ein effektives System. Dies soll stärker als bisher dazu führen, dass zum Beispiel Emissionen, Abwasser und Abfall auf ein von der Organisation festgelegtes Niveau reduziert werden. Erfasst ist auch, dass eine Organisation durch ihr Handeln positive Auswirkungen auf die Umwelt haben kann. Neben der bisherigen Anforderung, Umweltaspekte von Prozessen vor Ort und den hergestellten Gütern sowie bereitgestellten Dienstleistungen zu betrachten, sollen Organisationen ihre Kontrolle und ihren Einfluss nun auch auf die Umweltauswirkungen von der Rohstoffgewinnung, der Entwicklung und dem Design, über die Produktnutzung bis hin zur endgültigen Beseitigung von Gütern ausdehnen, soweit sie hier einen Einfluss geltend machen können. Dieses „Lebenszyklus-Denken" orientiert sich an der Ökobilanzierung, also der Betrachtung ihrer grundsätzlichen Eigenschaften und Konzepte, ohne eine Ökobilanz-Studie durchführen zu müssen.

Die ISO 14001 verlangt zukünftig die Entwicklung einer Kommunikationsstrategie, die sich auf externe und interne Kommunikation gleichermaßen bezieht. Dazu gehören Anforderungen an die Qualität der übermittelten Informationen und Mechanismen, um Vorschläge zur fortlaufenden Verbesserung des Umweltmanagementsystems und der Umweltleistung zu generieren. Die Entscheidung für eine externe Kommunikation liegt aber immer noch bei der Organisation selbst. Auch nimmt die revidierte Fassung der Norm die oberste Führung der Organisation stärker in die Pflicht und zeigt klar auf, welche ihrer Anforderungen delegiert werden dürfen und welche bei der obersten Führung selbst verbleiben müssen. Durch die technische Entwicklung von Computer- und Cloud-basierten Systemen zur Ausführung von Managementsystemen beinhaltet die Überarbeitung der Norm den Begriff Dokumentierte Information statt „Dokumente" oder „Aufzeichnungen". Dies bedeutet, dass Informationen elektronisch vorhanden sein müssen, man sie aber nicht mehr zwingend ausdrucken muss, um sie körperlich in die Hand nehmen zu können.

Die ISO 14001 kann von jeder Organisation genutzt werden, die die Einführung oder Weiterführung eines Umweltmanagementsystems beabsichtigt. Der Nachweis über die Konformität mit den Forderungen der Norm kann in vier unterschiedlichen Formen erbracht werden. Häufig werden dabei neben der Zertifizierung durch eine externe Organisation die anderen drei explizit in der Norm erwähnten Möglichkeiten vergessen:

- Eigene Ermittlung und Abgabe einer Selbsterklärung
- Bestätigung der Konformität durch Dritte mit Interesse an der Organisation (z. B. Kunden)
- Bestätigung der Selbsterklärung durch einen Externen

Bild 3: Umweltmanagementsystem

Die Organisation muss die für ihre Belange beste Form – unter Berücksichtigung verschiedener Aspekte wie z.B. Anwendungsbereich, Aufwand, Kosten, Nutzen, Glaubwürdigkeit – auswählen. Damit ist der häufig angegebene Grund von zu hohen Kosten für die Nichtanwendung der Norm nicht nachvollziehbar. Insgesamt sind die Kosten der Zertifizierung im Vergleich zur Einrichtung und Pflege des Managementsystems nicht wirklich prohibitiv und werden in der Regel geringer als der Glaubwürdigkeitsnutzen sein, der durch das Umweltmanagementsystem generiert wird. Denn bis heute wird einem unabhängigen Dritten viel eher vertraut als der Organisation selbst.

Während die ISO 14001 für eine Zertifizierung relevante Anforderungen enthält, gibt die ISO 14004 Erläuterungen und Beispiele, wie ein Umweltmanagementsystem implementiert werden kann. Es handelt sich hier um Hilfen für die Einführung des Umweltmanagementsystems, nicht aber um eine Interpretation der ISO 14001. Die Strukturierung der beiden Dokumente ist identisch, um die Orientierung zu erleichtern. In Ergänzung zur ISO 14001 enthält die ISO 14004 auch wirtschaftliche Aspekte. Neben dem Aufzeigen des wirtschaftlichen Nutzens durch die Einführung eines Umweltmanagementsystems hilft dies auch beim Abwägen zwischen ökonomischen und ökologischen Aspekten sowie bei der Darstellung gegenüber interessierten Parteien.

Das Umweltmanagementsystem folgt einem Plan – Do – Check – Act – (PDCA, dt. Planen – Ausführen – Kontrollieren – Optimieren)-Managementmodell (siehe Bild 4). Der PDCA-Zyklus ist Kern jeden Managementsystems, unabhängig vom Inhalt des Systems wie Qualität, Umwelt oder Sicherheit.

PDCA ist ein fortlaufender, schrittweiser Prozess, der von jeder Organisation – unabhängig von der Größe – eingesetzt werden kann. Beispiele für die Schritte mit einzelnen Aspekten werden in der Norm ausführlich beschrieben. Eine praktische Hilfe gibt hierzu eine erste Anleitung:

Planen

- Umweltaspekte und damit verbundene Auswirkungen auf die Umwelt oder die Organisation identifizieren
- Erfordernisse und Erwartungen interessierter Parteien verstehen
- bindende Verpflichtungen erkennen und überwachen
- umweltbezogene Zielsetzungen festlegen und Programme zur Zielerreichung definieren
- Leistungskennzahlen entwickeln und anwenden
- Aufbau von Managementstrukturen einschließlich Übertragung von Aufgaben
- Bereitstellung angemessener Ressourcen
- Schulung von Personen
- Einführung von Prozessen für die interne und externe Kommunikation
- Einführung und Aufrechterhaltung einer geeigneten Dokumentation und Dokumentenlenkung

Ausführen

- Betriebliche Planung und Steuerung
- Sicherstellung der Notfallvorsorge und Gefahrenabwehr

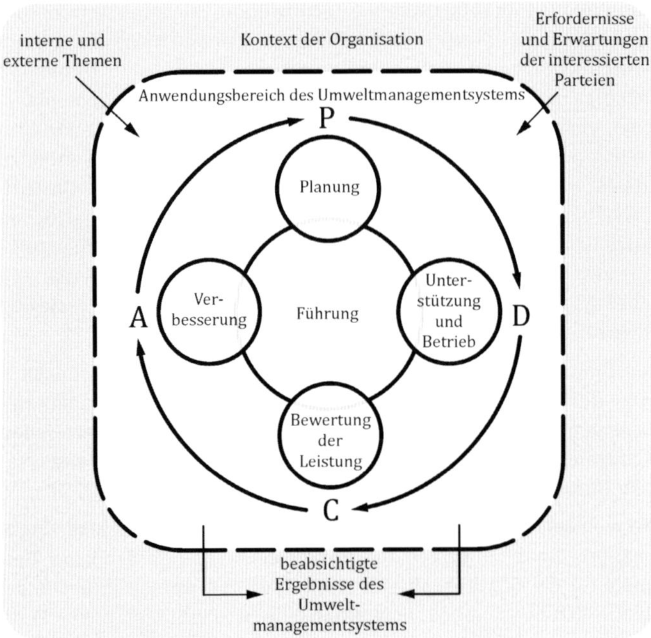

Bild 4: Der PDCA-Zyklus

Bewertung

- Fortlaufende Überwachung und Messung
- Bewertung des Status zur Einhaltung von Rechtsvorschriften oder freiwillig eingegangenen Verpflichtungen
- Feststellung von Abweichungen und Ergreifen von Korrektur-/Vorsorgemaßnahmen
- Handhabung von Aufzeichnungen
- Durchführung von internen Audits
- Durchführung von Managementbewertungen des Umweltmanagementsystems

Verbesserung

- Identifizierung von Verbesserungspotenzialen
- Durchführung von Korrekturmaßnahmen

Hinweise und Beispiele zu den einzelnen Schritten zeigt Kapitel 5.

Mittels des PDCA-Zyklus kann auf eindrucksvolle Weise auch die Einbindung der anderen Normen in das Umweltmanagementsystem nach ISO 14001 demonstriert werden (s. Bild 5, modifiziert nach ISO).

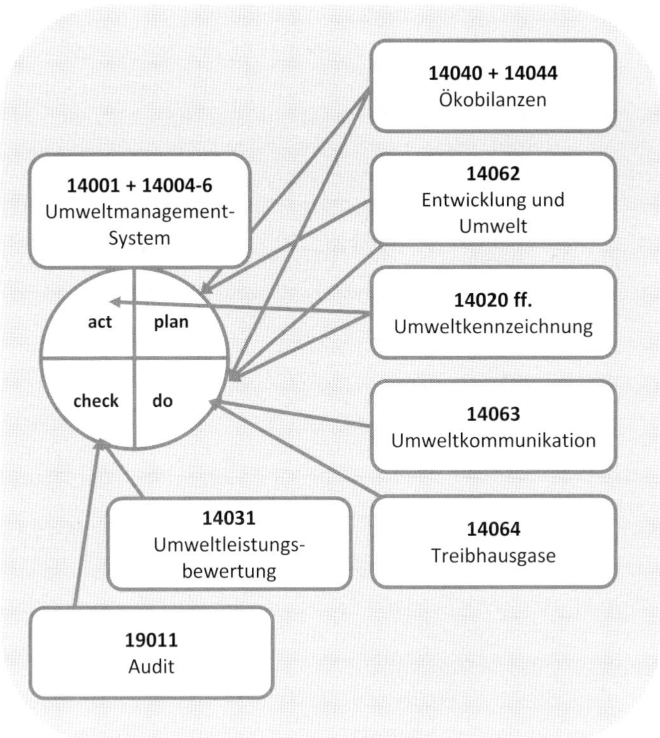

Bild 5: Die Normen der ISO-14000-Serie im PDCA-Modell

ISO 14005 – Stufenweise Einführung

Der Zweck dieser Norm ist es, Organisationen, insbesondere kleine bis mittelständische Unternehmen (KMU), zu ermutigen, ein Umweltmanagementsystem (UMS) zu entwickeln und einzuführen. Viele Organisationen konnten durch die Einführung von Umweltmanagementsystemen entsprechende Potenziale heben und Vorteile für sich generieren. Doch weitaus mehr Organisationen, insbesondere kleine bis mittelständische Unternehmen, verfügen über kein derartiges System, auch wenn sie daraus beträchtlichen Nutzen ziehen könnten.

Angebracht ist sicher die Unterstützung von KMU durch geeignete Informationen, um so die folgenden Widerstände bzw. unzutreffenden Meinungen zu überwinden:

- KMU haben keine Auswirkungen auf die Umwelt
- KMU haben keine ausreichenden Ressourcen für die Einführung

- KMU haben keine Vorteile durch die Einführung
- KMU haben keine Kenntnisse über die Einführung und den Nutzen

Ein stufenweiser Ansatz bietet mehrere Vorteile. Anwender können leicht beurteilen, wie in UMS investierte Zeit Nutzen erzeugt. Sie können verfolgen, wie die Umweltverbesserungen dazu beitragen, Kosten zu verringern, Beziehungen zur Gemeinde zu verbessern und den Nachweis der Einhaltung von umweltbezogenen bindenden Verpflichtungen zu erbringen. Dies alles hilft dabei, den Erwartungen von Kunden gerecht zu werden. Sie können den Nutzen ihres UMS nachvollziehen, indem sie ihr System stufenweise aufbauen und Elemente in dem Maße hinzufügen oder erweitern, wie sie der Organisation nützlich sind.

Als wesentlicher Inhalt der Norm werden zu den verschiedenen Systemelementen der ISO 14001 verschiedene Schritte vorgeschlagen und anhand zahlreicher Beispiele erläutert. Exemplarisch für die Definition von Umweltzielen wird dieser Ansatz anhand der folgenden vier Einführungsstufen verdeutlicht:

Schritt 1: (An)erkennen der Notwendigkeit der Einführung und Verwirklichung von Zielen zur Verbesserung der Leistung.

Schritt 2: Erfassen von Informationen, die die Entwicklung von Zielsetzungen, Einzelzielen und Programm(en) ermöglichen.

Schritt 3: Entwickeln und Dokumentieren von Zielsetzungen, Einzelzielen und Programm(en) zur Verbesserung der Leistung.

Schritt 4: Auf das Erreichen von Zielsetzungen, Einzelzielen durch die Implementierung von Programm(en) hinarbeiten.

3.1.3 DIN EN ISO 14006 – Umweltverträgliche Produktgestaltung

Unter „umweltverträglicher Produktgestaltung" (‚Ökodesign') werden alle Tätigkeiten innerhalb des Entwicklungsprozesses verstanden, die darauf ausgerichtet sind, über den gesamten Produktlebensweg die Umweltauswirkungen zu verringern und die Umweltleistung der Produkte zu verbessern. Um für die Organisation von Nutzen zu sein und um das Erreichen der Umweltziele einer Organisation sicherzustellen, muss die umweltverträgliche Produktgestaltung als wesentlicher Bestandteil der Geschäftstätigkeit verstanden und ausgeführt werden.

Die Umweltverträgliche Produktgestaltung hat Auswirkungen auf alle Tätigkeitsbereiche einer Organisation. Die ISO 14006 stellt Leitlinien zur Verfügung, um Organisationen bei der Einführung eines systematischen und strukturierten Ansatzes für die Eingliederung und Umsetzung von Aktivitäten der umweltverträglichen Produktgestaltung innerhalb eines Umweltmanagementsystems, wie z.B. der

ISO 14001, zu unterstützen. Die Leitlinien sind für alle Organisationen anwendbar, ungeachtet des Typs, der Größe und der hergestellten Produkte.

Allgemeine Wissensbereiche, um die umweltverträgliche Produktgestaltung innerhalb eines UMS durchführen zu können, sind:

1) die Bewertung von Umweltauswirkungen des Produktes und die Bestimmung angemessener Gestaltungsmaßnahmen zur Verringerung der unerwünschten Effekte dieser Auswirkungen,
2) die Steuerung der Produktentwicklungsaktivitäten, um diese Gestaltungsmaßnahmen hinsichtlich der Verbesserung der Umweltleistung der Produkte anzuwenden,
3) Kenntnisse, wie Aktivitäten der umweltverträglichen Produktgestaltung und deren Steuerung in ein UMS passen.

Die ISO 14006 bezieht sich auf existierende Normen und stellt vor allem einen Zusammenhang zwischen ISO 14001, ISO 9001 und ISO/TR 14062 her. Die ISO 14001 verbindet die Geschäftsführung und das Umweltmanagement von Prozessen miteinander, umfasst jedoch nicht die Tätigkeiten innerhalb des Gestaltungsmanagements. Die ISO 9001 zum Qualitätsmanagement erfasst das Management des Gestaltungsprozesses, jedoch ohne umweltbezogene Konkretisierung oder Input. Der ISO/TR 14062 zur Integration von Umweltaspekten in die Produktentwicklung behandelt die Einbindung von Umweltaspekten in den Entwicklungsprozess von Produkten aus der Sicht der Personen, die in diese Entwicklungsabläufe eingebunden sind. Als solche erklären sie nicht vollständig die Abläufe, die in das Bezugssystem eines Umwelt- und Geschäftsmanagements nach ISO 14001 eingebunden sind. Das im Vergleich zur Norm leicht vereinfachte Bild 6 zeigt die Verbindung zwischen den genannten Normen und der ISO 14006.

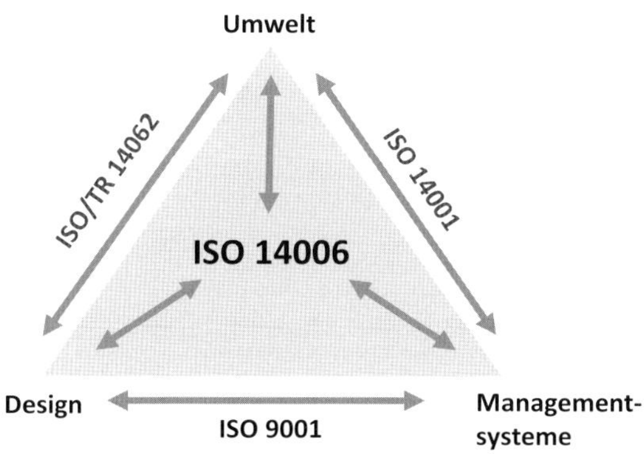

Bild 6: Beziehung zwischen den Normen zum Ökodesign

3.2 Audit

DIN EN ISO 19011:2011-12, Leitfaden zur Auditierung von Managementsystemen (ISO 19011:2011); Deutsche und Englische Fassung EN ISO 19011:2011, dazu DIN EN ISO 19011 Berichtigung 1:2013-05

DIN EN ISO 14015:2010-08, Umweltmanagement – Umweltbewertung von Standorten und Organisationen (UBSO) (ISO 14015:2001); Deutsche und Englische Fassung EN ISO 14015:2010

Ursprünglich wurden zum Thema Audit von Umweltmanagementsystemen die drei Dokumente ISO 14010, ISO 14011 und ISO 14012 (Ausgabe 1996-10) entwickelt. Parallel hierzu existierten entsprechende Normen für Audits von Qualitätsmanagementsystemen (ISO 10011 Teile 1–3, Ausgabe 1992-06). In einer gemeinsam von den ISO-Normungsgremien für Qualitätsmanagement (ISO/TC 176) und Umweltmanagement (ISO/TC 207) durchgeführten Revision wurden

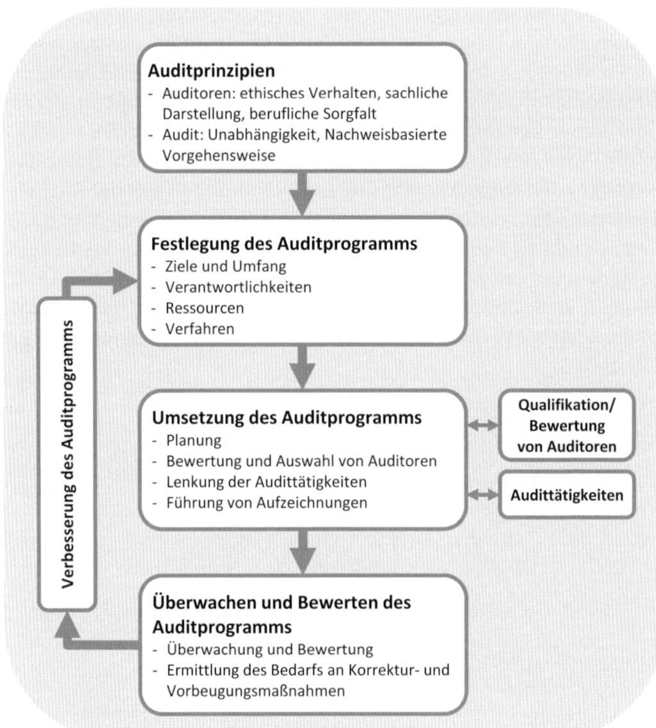

Bild 7: Prozessablauf für ein Auditprogramm

die verschiedenen Dokumente zu Audits für Qualitätsmanagementsysteme und Umweltmanagementsysteme in der Norm ISO 19011 (Ausgabe 2002-12) zusammengefasst, die somit die vorgenannten Normen ersetzt hat und mittlerweile als Ausgabe 2011-12 vorliegt.

Was versteht man nun unter einem Audit? Die Norm gibt folgende Definition: „Systematischer, unabhängiger und dokumentierter Prozess zum Erlangen von Auditnachweisen und zu deren objektiver Auswertung, um zu ermitteln, inwieweit Auditkriterien erfüllt sind".

Der in Bild 7 dargestellte, prinzipielle Ablauf kann auf Audits unterschiedlicher Disziplinen angewandt werden. Beispiele für solche Auditprogramme sind:

- Internes Audit zur Vorbereitung auf eine Zertifizierung durch einen Dritten
- Zweitparteienaudit bei einem Lieferanten
- Drittparteienaudit als Zertifizierungs- bzw. Überwachungsaudit eines Managementsystems

Bei den beiden letztgenannten Punkten handelt es sich um externe Audits.

Weiter können nach Ziel und Umfang des Audits – besonders bei internen Audits, aber auch bei Zweitparteienaudits – folgende Typen unterschieden werden:

- System-Audit: Werden die Anforderungen an ein Managementsystem erfüllt?
- Prozess-Audit: Sind die Prozesse in der Lage, die in Politik und Programmen festgelegten Ziele zu erreichen?
- Produkt-Audit: Kann für ein Produkt die vollständige Gewährleistung aller internen und externen Forderungen aufgezeigt werden?
- Compliance-Audit: Werden alle gesetzlichen, behördlichen und vertraglichen – das heißt alle rechtsnormativen – Anforderungen eingehalten?

Das Audit wird durch einen oder mehrere Auditoren durchgeführt. Nach der Definition der Norm ist ein Auditor eine „Person mit der Qualifikation, ein Audit durchzuführen". Mitunter sollen sich Auditoren als Kontrolleure verstehen. Für diese Personen sei an den lateinischen Ursprung des Wortes erinnert, das nichts anderes als Zuhörer bedeutet, eine wichtige Qualifikation für den Auditor. In der Norm wird Qualifikation definiert als „demonstrierte persönliche Eigenschaften und nachgewiesene Befähigung, Kenntnisse und Fähigkeiten anzuwenden".

Bild 8: Typische Audittätigkeiten

Die ISO 19011 beschreibt ausführlich in einem Kapitel die „Qualifikation und Bewertung von Auditoren“. Hierzu gehören, abhängig vom Auditprogramm oder Typ:

- Persönliche Eigenschaften (z. B. dem Berufsethos entsprechend aufgeschlossen, diplomatisch, aufmerksam, vielseitig, hartnäckig, entscheidungsfähig oder selbstsicher zu sein)
- Kenntnisse über Managementsysteme
- Spezifische Kenntnisse im Qualitäts- und/oder Umweltbereich

- Ausbildung
- Arbeitserfahrung
- Auditorenschulung
- Auditerfahrung

Alle hier aufgeführten Beschreibungen und der gesamte Inhalt der ISO 19011 geben Anleitungen zu den verschiedenen Aspekten eines Audits. Es bleibt dem Nutzer vorbehalten, seine eigenen Anforderungen daraus abzuleiten.

In der Norm ISO 14015 wird ein spezieller Audittyp beschrieben, der in den letzten Jahren zunehmend als Teil eines wirtschaftlichen Bewertungsprozesses an Bedeutung gewonnen hat. Dabei handelt es sich um die Umweltbewertung von Standorten und Organisationen, was besonders beim Kauf oder Verkauf eines Standorts oder einer Firma zur Abschätzung des Potenzials und der Risiken relevant ist.

Die Durchführung der Bewertung folgt dem in der ISO 19011 beschriebenen und in Bild 7 skizzierten Vorgehen zum Auditprogramm:

- Aufgaben und Verantwortlichkeiten

  Auftraggeber, Repräsentant des Bewertungsobjekts, Sachverständiger
- Bewertungsprozess

  Planung, Informationssammlung und -validierung, Bewertung
- Berichterstattung

Bild 8 zeigt eine Übersicht der typischen Tätigkeiten vor, während und nach einem Audit.

3.3 Umweltbezogene Kennzeichnung – die DIN EN ISO 14020er-Normen

DIN EN ISO 14020:2002-02, Umweltkennzeichnungen und -deklarationen – Allgemeine Grundsätze (ISO 14020:2000); Deutsche Fassung EN ISO 14020:2001

DIN EN ISO 14021:2012-04, Umweltkennzeichnungen und -deklarationen – Umweltbezogene Anbietererklärungen (Umweltkennzeichnung Typ II) (ISO 14021:1999 + Amd 1:2011); Deutsche und Englische Fassung EN ISO 14021:2001 + A1:2011

DIN EN ISO 14024:2001-02, Umweltkennzeichnungen und -deklarationen (Umweltkennzeichnung Typ I) – Grundsätze und Verfahren (ISO 14024:1999); Deutsche Fassung EN ISO 14024:2000

DIN EN ISO 14025:2011-10, Umweltkennzeichnungen und -deklarationen – Typ III Umweltdeklarationen – Grundsätze und Verfahren (ISO 14025:2006); Deutsche und Englische Fassung EN ISO 14025:2011

Die Normen enthalten Erläuterungen und Regeln, wie produktbezogene Umweltinformationen an Dritte weitergegeben werden können. Sie beschäftigen sich neben den generellen Prinzipien, die für alle Umweltkennzeichnungen und -deklarationen zutreffen, mit den gebräuchlichsten Typen der Umweltkennzeichnung.

Generelles Ziel von Umweltkennzeichnungen und -deklarationen ist gemäß ISO 14020:

> „durch Mitteilung von überprüfbaren, genauen und nicht irreführenden Angaben zu Umweltaspekten Angebot und Nachfrage von Produkten zu unterstützen, die weniger Umweltbelastungen verursachen, wodurch das Potenzial von marktgetriebenen kontinuierlichen Umweltverbesserungen angeregt wird".

Dieses Ziel soll mit drei im Detail beschriebenen Methoden bzw. Typen der Umweltkennzeichnung erreicht werden.

Der in ISO 14024 behandelte Typ I (bekanntestes Beispiel ‚Blauer Engel') richtet sich an private und gewerbliche Endverbraucher, beruht auf den signifikanten Umweltaspekten über den Lebensweg und wird von einer unabhängigen Stelle vergeben.

Typ II der ISO 14021 gibt Informationen zu einem Umweltaspekt an private oder gewerbliche Verbraucher und liegt in der Eigenverantwortung des Herstellers.

Typ III-Deklarationen entsprechend der ISO 14025 beruhen auf Ökobilanzen und anderen wichtigen Umweltinformationen. Sie dienen heute fast ausschließlich der Information von Industrie und Gewerbe, da die Information sehr umfassend und deshalb für private Konsumenten nicht einfach zugänglich ist.

Die drei Typen sind unterschiedlich alt, wobei der Typ II auf die längste Historie zurückblickt. Beispielsweise wurden Hinweise auf die biologische Abbaubarkeit von in Waschmitteln enthaltenen Tensiden bereits in den 60er Jahren gegeben. Der älteste Vertreter für Typ I, der ‚Blaue Engel', hat 2007 seinen 30. Geburtstag gefeiert. Typ III ist eine Entwicklung aus den letzten zehn Jahren. Jeweils ein Beispiel für jeden Typ ist in Bild 9 dargestellt.

Repräsentative Charakteristika der drei Typen zur Informationsbasis, den Zielen und der Glaubwürdigkeit sind in der folgenden Tabelle zusammengestellt:

Charakteristika für Umweltkennzeichnungstypen

	Ökobilanz	Vergleichbarkeit	Berücksichtigung kontinuierlicher Verbesserung	ökologische Auszeichnung eines Produkts	Verifizierung
Typ I	optional	mittel	durch Revision der Kriterien	beabsichtigt	durch unabhängige Dritte
Typ II	optional	niedrig	nicht vorgesehen	nicht beabsichtigt, aber möglich	möglich
Typ III	gefordert	hoch	vorgesehen durch Änderungen beim Nachfolgeprodukt	nicht beabsichtigt	durch unabhängige Dritte

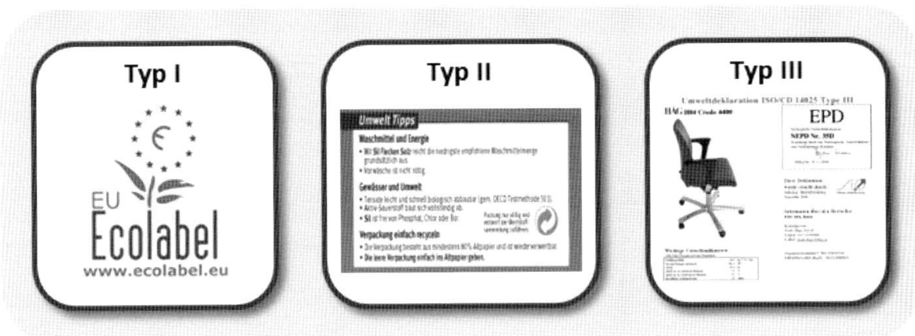

Bild 9: Umweltbezogene Kennzeichnung

3.3.1 DIN EN ISO 14024 – Umweltkennzeichnung Typ I

Die ISO 14024 definiert die Umweltkennzeichnung des Typ I als:

„freiwilliges, auf mehreren Kriterien beruhendes Programm, auf dessen Grundlage von Dritten festgelegte Lizenzen zum Gebrauch des für Produkte berechtigten Umweltzeichens vergeben werden, die unter Berücksichtigung des Lebenswegs des betreffenden Produktes innerhalb einer bestimmten Produktkategorie unter Umweltaspekten vorzuziehen sind, bestimmte Produkte mit Umweltzeichen zu versehen, wodurch angezeigt wird, dass der Lebensweg des betreffenden Produktes untersucht wurde und es aufgrund dessen innerhalb einer bestimmten Produktkategorie, soweit es den Umweltaspekt angeht, zu präferieren ist“.

In den wichtigsten Teilen der Norm werden zunächst die Grundsätze beschrieben, dann das Verfahren für die Entwicklung und Vergabe eines Umweltzeichens.

Bei den Grundsätzen werden unter anderem erwähnt: die Freiwilligkeit des Programms, die ISO 14020 mit den Grundanforderungen für alle Anwendungen, die Berücksichtigung des Lebenswegs, die Auswahl von selektiven Kriterien, der Konsultationsprozess, die wissenschaftliche Grundlage der Umweltkriterien sowie die gegenseitige Anerkennung der Ergebnisse von unterschiedlichen Umweltzeichenvergabestellen (bis heute leider nur selten realisiert).

Die Berücksichtigung des Lebenswegs erfordert nicht unbedingt die Durchführung einer Ökobilanz nach der ISO 14040-Serie, vielmehr kann die Anwendung der folgenden Tabelle ausreichen:

Matrix zur Abschätzung von Umweltwirkungen über den Lebensweg

Lebensweg-abschnitt	Umweltbezogene Input/Output-Indikatoren					
	Energie	Rohstoffe	Emissionen in			Sonstiges
	erneuerbar/ nicht erneuerbar	erneuerbar/ nicht erneuerbar	Wasser	Luft	Boden	
Ressourcen-entnahme						
Produktion						
Verteilung						
Gebrauch						
Entsorgung						

Im Kapitel über das Verfahren zur Entwicklung eines Umweltzeichens stellt die Norm die Konsultation der interessierten Parteien, die Auswahl der Produktkategorien, die Auswahl, Entwicklung und Veränderung von Umweltkriterien, die Identifizierung von charakteristischen Eigenschaften eines Produkts sowie die Berichterstattung und Veröffentlichung dar.

Ein weiteres Kapitel zur Zertifizierung und Konformität beschreibt grundsätzliche Verfahren für das Umweltkennzeichen, die Lizenzvergabe, das Beurteilen und Nachweisen der Konformität, die Überwachung der Einhaltung der vereinbarten Regeln sowie Maßnahmen zum Schutz des Umweltzeichens.

DIN EN ISO 14021 – Umweltkennzeichnung Typ II 3.3.2

Die ISO 14021 beschäftigt sich mit umweltbezogenen Anbietererklärungen und beschreibt generelle Anforderungen an alle Aussagen, Anforderungen an Bewertung und Überprüfung der Aussagen sowie Anforderungen bei spezifischen Aussagen wie z. B. abbaubar, recyclingfähig oder wieder verwendbar.

Neben explizit genannten Anforderungen wie der Vermeidung von unbestimmten oder unspezifischen Aussagen im Sinne von ‚umweltfreundlich' oder ‚grün' sind insgesamt 32 besondere Anforderungen in der ISO 14021 genannt. Derartige Aussagen, einschließlich jeder ergänzenden Erklärung,

- müssen genau und dürfen nicht irreführend sein;
- müssen begründet und überprüft sein;
- müssen für ein bestimmtes Produkt zutreffend sein;
- müssen eindeutig ergeben, ob die Aussage für das gesamte Produkt oder nur für einen Teil gilt;
- müssen für den angesprochenen Umweltaspekt spezifisch sein;
- dürfen zur Vermeidung von mehrfachen Vorteilen nicht mit unterschiedlichen Begriffen formuliert werden;
- dürfen nicht zu einer falschen Auslegung führen;
- müssen alle wesentlichen Aspekte des Produktlebenswegs berücksichtigen;
- dürfen nicht den Eindruck erwecken, dass die Aussage von einem unabhängigen Dritten überprüft wurde, sofern dies nicht zutrifft;
- dürfen weder direkt noch indirekt eine Übertreibung beinhalten;
- dürfen trotz korrekter Formulierung nicht gemacht werden, wenn sie von Käufern missverstanden werden können oder durch Auslassen wichtiger Fakten irreführend sind;
- dürfen sich nur auf einen für den Lebensweg des Produkts relevanten Umweltaspekt beziehen;
- müssen erkennen lassen, dass Umweltaussage und ergänzende Erklärung gemeinsam gelesen werden sollten;
- müssen bei vergleichenden Aussagen spezifisch und aktuell sein sowie die Grundlage des Vergleichs erkennen lassen;
- müssen bei bereits früher vorhandenen Umweltaspekten so dargestellt werden, dass beim Käufer nicht der Eindruck einer aktuellen Innovation erweckt wird;
- dürfen nicht auf dem Nichtvorhandensein von Bestandteilen oder Merkmalen beruhen, die für die Produktkategorie nicht relevant sind;
- müssen bei Veränderungen (technischer Art oder im Markt) überprüft werden und ggf. auf den neuesten Stand gebracht werden;

- müssen für das geografische Gebiet zutreffen, in dem die entsprechende Umweltbelastung auftritt.

Die Typ II-Umweltkennzeichen bieten Organisationen die größte Flexibilität in der Ausgestaltung. Es gibt Typ II-Zeichen, die vom Erscheinungsbild einem Typ I-Zeichen ähneln (wie z. B. das Recycling-Symbol des Möbius-Loops (18) oder der Grüne Punkt (19)), die reine Textaussagen beinhalten, wie z. B. „frei von ..." oder aber auch einer Typ III-Deklaration ähneln, wie z. B. das sog. Umweltzertifikat von Mercedes-Benz (20). Diese Flexibilität ist einerseits ein Vorteil der Typ II-Zeichen, andererseits gleichzeitig auch von Nachteil, da einem Typ II-Umweltzeichen nicht unmittelbar anzusehen ist, welche Qualität und Belastbarkeit die damit verknüpften Aussagen haben. Es gibt dementsprechend Typ II-Zeichen, die sich vom Anspruch und der Qualität absolut auf dem Niveau eines Typ I- oder Typ III-Zeichens bewegen, aber auch solche, die an der Grenze einer seriösen Verbraucherinformation operieren und eher dem ‚greenwashing' dienen.

3.3.3 DIN EN ISO 14025 – Typ III-Umweltkennzeichnung

Die ISO 14025 wurde 2006 veröffentlicht, die aktuelle deutsche Ausgabe ist ISO 14025:2011. Typ III-Umweltdeklarationen stellen Produktinformationen aus Ökobilanzen sowie ggf. bezüglich einzelner Umweltaspekte zur Verfügung. Damit sollen Vergleiche zwischen Produkten gleicher Funktion ermöglicht werden. Sie dienen in erster Linie dem Informationsaustausch zwischen Geschäftspartnern, wobei die Verwendung für Verbraucher nicht ausgeschlossen ist. Wesentlicher Bestandteil ist die unabhängige Prüfung des allgemeinen Vorgehens bei der Erstellung der Umweltdeklaration und den zugrunde liegenden Daten.

Neben grundsätzlichen Anforderungen analog der ISO 14020 beschreibt die Norm in einzelnen Kapiteln Anforderungen an das Programm, die Anforderung an die Deklaration, die Verifizierung sowie zusätzliche Anforderungen, falls die Typ III-Umweltdeklaration an Verbraucher adressiert ist. Die wichtigen Schritte auf dem Weg zu einer Typ III-Umweltdeklaration sind in Bild 10 dargestellt:

3.3.4 Zusammenfassung

Mit der ISO 14020-Serie werden neben den festgelegten Rahmenbedingungen drei Instrumente zur Kommunikation mit dem Kunden/Anwender angeboten. Die sinnvolle Anwendung kann Unternehmen helfen bei:

- Anfragen von Kunden, Verbrauchern, Behörden und Nichtregierungsorganisationen
- Marketing und Vertrieb von Produkten
- Zusammenarbeit mit Lieferanten

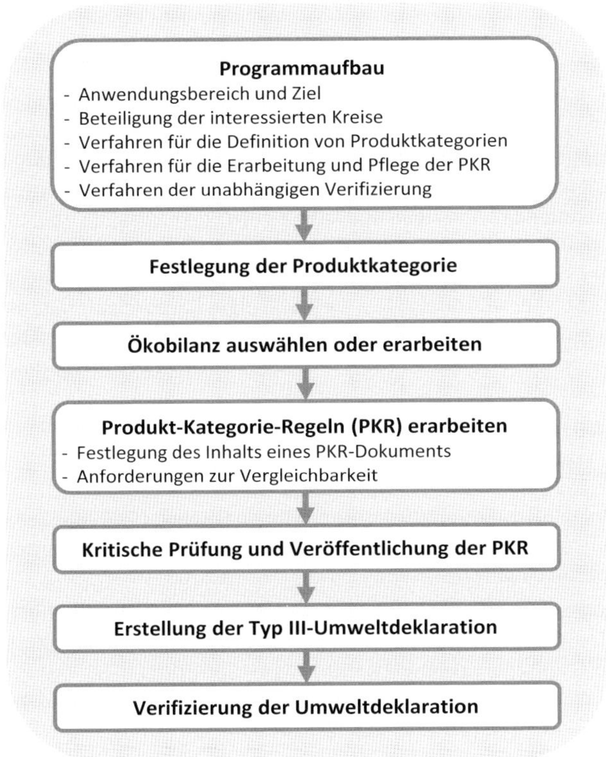

Bild 10: Entwicklung einer Typ III-Umweltdeklaration

Leider liefern die Normen kein Rezept für die Auswahl des besten Instruments, da dies stark vom Einzelfall abhängt. Fundierte wissenschaftliche Untersuchungen über die Vorteile oder Nachteile einzelner Anwendungen fehlen bisher. Empfehlenswert ist daher die Verknüpfung mit einer Erfolgsmessung, da nur so die Auswahl des besten Instruments für die jeweilige Anwendung gewährleistet ist.

Generell ist zu beobachten, dass die Bedeutung der Instrumente zunimmt. So wird bei der EU-Kommission im Zusammenhang mit der integrierten Produktpolitik über die Anwendung der verschiedenen Typen nachgedacht. Diese sind auch bei der WTO (World Trade Organization) im Zusammenhang mit Handelshemmnissen als Lösungsmöglichkeiten diskutiert worden, da dieses Thema doch als ein wesentliches Prinzip in der ISO 14020 genannt ist. Vielleicht können einmal alle Forderungen an Produkte WTO-konform sein, wenn sie den in der ISO 14020er-Serie festgelegten Regeln entsprechen.

Auch die Diskussion um die Treibhausgasbilanz (Carbon Footprint) von Produkten beflügelt die Diskussion um Umweltkennzeichen, da einzelne Unternehmen (z. B. Carbon Trust in England) oder Länder (z. B. Japan, Korea) sog. Carbon Footprint Labels eingeführt haben. Die Ausgestaltung kann alle drei Formen der vorgenannten Umweltkennzeichen annehmen. Die meisten heute existierenden Treibhausgaskennzeichen sind vom Typ II. Dazu gehören die als eher kritisch einzustufenden Aussagen und Labels zur Klimaneutralität oder auch das Label des Carbon Trust. Das schwedische und das japanische System orientieren sich stark am Typ III-Verfahren. In Deutschland gibt es bisher kein relevantes, eigenständiges Carbon Footprint Label, da hier der Weg verfolgt wird, Treibhausgasbilanzen von Produkten in die Vergabe des Blauen Engels als Typ I-Zeichen zu integrieren.

3.4 Ökobilanzen – die DIN EN ISO 14040/70er-Normen

DIN EN ISO 14040:2009-11, Umweltmanagement – Ökobilanz – Grundsätze und Rahmenbedingungen (ISO 14040:2006); Deutsche und Englische Fassung EN ISO 14040:2006

DIN EN ISO 14044:2006-10 – Umweltmanagement – Ökobilanz – Anforderungen und Anleitungen (ISO 14044:2006); Deutsche und Englische Fassung EN ISO 14044:2006 (DIN EN ISO 14040 + DIN EN ISO 14044 ersetzen DIN EN ISO 14040, DIN EN ISO 14041, DIN EN ISO 14042 und DIN EN ISO 14043)

DIN EN ISO 14045:2012-10, Umweltmanagement – Ökoeffizienzbewertung von Produktsystemen – Prinzipien, Anforderungen und Leitlinien (ISO 14045:2012); Deutsche und Englische Fassung EN ISO 14045:2012

ISO 14046:2014-08, Umweltmanagement – Wasser-Fußabdruck – Grundsätze, Anforderungen und Leitlinien (ISO 14046:2014); Englische Fassung EN ISO 14046:2014

ISO/TR 14047:2012-06, Umweltmanagement – Wirkungsabschätzung – Beispiele für die Anwendung von ISO 14044 zur Wirkungsabschätzung; Englische Fassung ISO/TR 14047:2012

ISO/TS 14048:2002-04, Umweltmanagement – Ökobilanz – Datendokumentationsformat; Englische Fassung ISO/TS 14048:2002

ISO/TR 14049:2012-06, Umweltmanagement – Ökobilanz – Beispiele zur Anwendung von ISO 14044 zur Festlegung des Ziels und des Untersuchungsrahmens sowie zur Sachbilanz; Englische Fassung ISO/TR 14049:2012

ISO/TS 14071:2014-06, Umweltmanagement – Ökobilanz – Prozesse der Kritischen Prüfung und Kompetenzen der Prüfer: Zusätzliche Anforderungen und Anleitungen zu ISO 14044:2006; Englische Fassung ISO/TS 14071:2014

ISO/TS 14072:2014-12, Environmental management – Life cycle assessment – Requirements and guidelines for organizational life cycle assessment; Englische Fassung ISO/TS 14072:2014

Die derzeit gültigen Fassungen der Ökobilanz-Normen beinhalten die ISO 14040 als Leitfaden für die Anwendung und die ISO 14044 als Forderungsnorm. Ökobilanzen beschreiben den Lebensweg eines Produkts/Produktsystems ‚von der Wiege bis zur Bahre', d. h. von der Gewinnung der Rohstoffe über Produktion und Ge-/Verbrauch bis zur abschließenden Entsorgung. Mit dieser ganzheitlichen Betrachtung erfolgt eine Abkehr von isolierten Betrachtungen einzelner Lebenswegabschnitte wie die Abläufe in einem Produktionsbetrieb oder die Abfallbehandlung. Die Ökobilanz kann helfen:

- beim Aufzeigen von Möglichkeiten zur Verbesserung der Umwelteigenschaften von Produkten in den verschiedenen Phasen ihres Lebenswegs;
- zur Information von Entscheidungsträgern in Industrie, Regierungs- oder Nichtregierungsorganisationen (z. B. bei der strategischen Planung, Prioritätensetzung, Produkt- oder Prozessentwicklung);
- beim Auswählen von relevanten Indikatoren zu Umwelteigenschaften, Produkten, Prozessen und Unternehmen;
- bei Kommunikation und Marketing (z. B. beim Implementieren einer Umweltkennzeichnung, beim Treffen einer Umweltaussage oder beim Erstellen einer Umweltdeklaration für ein Produkt).

Wie in Bild 11 skizziert sind Ökobilanzen (Life Cycle Assessment/LCA) eine Technik, mit der Umweltaspekte und potenzielle Umweltauswirkungen über den gesamten Lebensweg des Produktes von der Rohstoffgewinnung über Produktion und Ver-/Gebrauch bis zur Entsorgung dadurch ermittelt werden können, dass

- Ziel und Rahmen der Untersuchung zu Beginn festgelegt werden,
- ein Inventar der relevanten Inputs und Outputs des Produktsystems zusammengestellt wird,
- die mit den Inputs und Outputs verknüpften potenziellen Umweltwirkungen bewertet werden und
- die Ergebnisse der Inventar- und Wirkungsphase unter Berücksichtigung der Studienziele interpretiert werden.

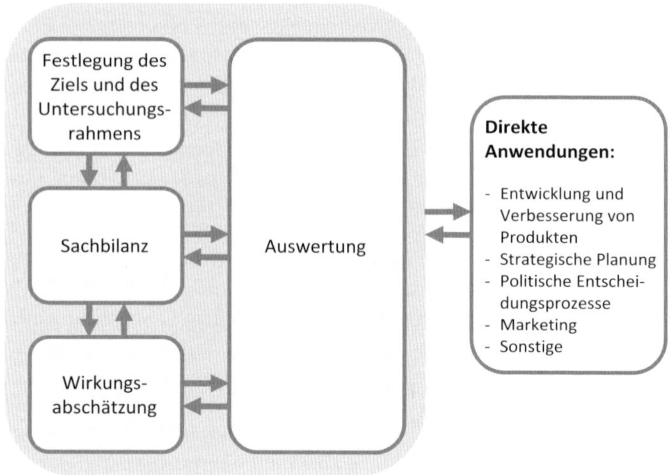

Bild 11: Ökobilanzen und ihre Anwendung

3.4.1 Grundsätze der Ökobilanzen

Die Grundsätze und Prinzipien für Ökobilanzen sind in der ISO 14040 beschrieben und sollten als Anleitung für Entscheidungen sowohl in Bezug auf die Planung als auch auf die Erstellung einer Ökobilanz dienen:

Lebenswegbetrachtung: Die Ökobilanz betrachtet den gesamten Lebensweg eines Produktes, von der Rohstoffgewinnung und -erzeugung über die Energieerzeugung und Materialherstellung bis zur Anwendung, Abfallbehandlung und endgültigen Beseitigung. Durch einen systematischen Überblick und eine Vorausschau kann die Verlagerung einer möglichen Umweltbelastung zwischen den Abschnitten oder einzelnen Prozessen des Lebenswegs identifiziert und möglicherweise vermieden werden.

Umweltbezogene Ausrichtung: Eine Ökobilanz bezieht sich auf die Umweltaspekte und -wirkungen eines Produktsystems. Üblicherweise liegen ökonomische und soziale Aspekte sowie Wirkungen außerhalb des Untersuchungsrahmens der Ökobilanz. Für eine umfassendere Einschätzung können auch andere Instrumente mit der Ökobilanz kombiniert werden.

Relativer Ansatz und funktionelle Einheit: Die Ökobilanz ist ein relativer Ansatz, der um eine funktionelle Einheit aufgebaut ist. Diese funktionelle Einheit legt fest, was zu untersuchen ist. Sämtliche nachfolgenden Analysen sind dann auf diese funktionelle Einheit bezogen, da alle Inputs und Outputs in der Sachbilanz und demzufolge auch das Wirkungsabschätzungsprofil auf die funktionelle Einheit bezogen sind.

Iterativer Ansatz: Die Ökobilanz ist eine iterative Methode. In den einzelnen Phasen einer Ökobilanz werden die Ergebnisse der anderen Phasen verwendet. Der iterative Ansatz innerhalb der und zwischen den Phasen trägt zur Ganzheitlichkeit und Konsistenz der Studie und der im Bericht angegebenen Ergebnisse bei.

Transparenz: Aufgrund der Komplexität von Ökobilanzen ist die Transparenz ein wichtiges Leitprinzip bei deren Erstellung, um eine angemessene Auswertung der Ergebnisse sicherzustellen.

Ganzheitlichkeit: Eine Ökobilanz betrachtet alle Attribute und Aspekte von natürlicher Umwelt, menschlicher Gesundheit und Ressourcen. Durch die Berücksichtigung aller Attribute und Aspekte innerhalb einer Studie aus medienübergreifender Sicht können potenzielle Wechselwirkungen identifiziert und abgeschätzt werden.

Priorität des wissenschaftlichen Ansatzes: Entscheidungen innerhalb einer Ökobilanz basieren vorzugsweise auf naturwissenschaftlichen Erkenntnissen. Wenn das nicht möglich ist, dürfen andere wissenschaftliche Ansätze (z.B. aus Sozial- und Wirtschaftswissenschaften) angewendet oder darf Bezug auf internationale Übereinkommen genommen werden. Ist weder eine wissenschaftliche Grundlage vorhanden, noch eine Begründung auf der Grundlage anderer wissenschaftlicher Ansätze oder internationaler Übereinkommen möglich, dann dürfen Entscheidungen gegebenenfalls auf Werthaltungen basieren.

Zieldefinition und Sachbilanz 3.4.2

Bei der Festlegung des Ziels und des Untersuchungsrahmens der Ökobilanz sind folgende Punkte anzugeben:

- die beabsichtigte Anwendung;
- die Gründe für die Durchführung der Studie;
- die angesprochene Zielgruppe, d.h., an wen sich die Ergebnisse der Studie richten;
- ob die Ergebnisse für die Verwendung in zur Veröffentlichung vorgesehenen vergleichenden Aussagen bestimmt sind;
- das zu untersuchende Produktsystem;
- die Funktionen des Produktsystems oder, im Fall vergleichender Studien, der Systeme;
- die funktionelle Einheit;
- die Systemgrenze;
- die Allokationsverfahren;

- die ausgewählten Wirkungskategorien und die Methode für die Wirkungsabschätzung und die anschließend anzuwendende Auswertung;
- die Anforderungen an die Daten;
- die Annahmen;
- die Einschränkungen;
- die anfänglichen Anforderungen an die Datenqualität;
- die Art der Kritischen Prüfung, sofern vorgesehen, und
- die Art und der Aufbau des für die Studie vorgesehenen Berichtes.

Auf dieser Basis wird dann die Sachbilanz anhand der in Bild 12 skizzierten Schritte erstellt. Als Ergebnis der Sachbilanz erhält man mehrere hundert oder gar tausend Inputflüsse (z. B. Ressourcen), die für das Produkt benötigt werden, und Outputflüsse (z. B. Emissionen), die bei den Prozessen entlang des Lebensweges entstehen.

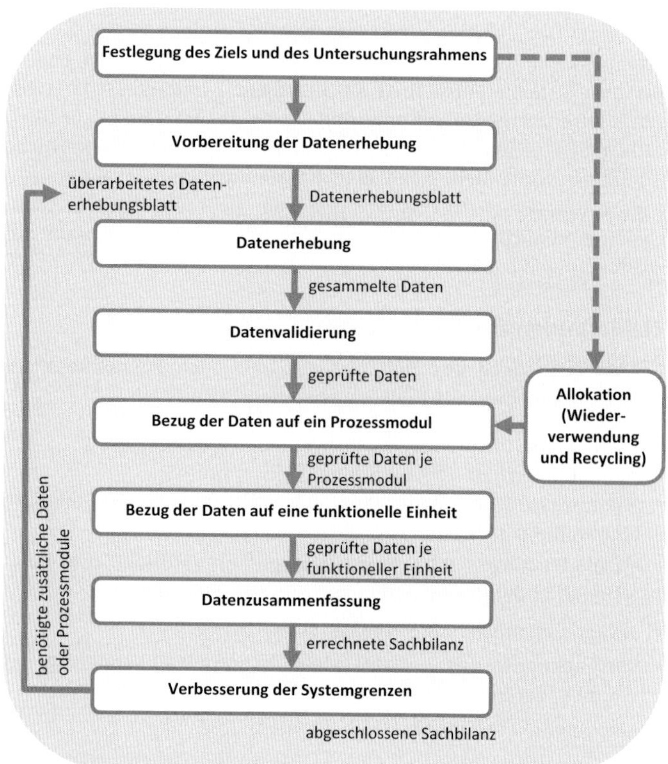

Bild 12: Schritte der Sachbilanz

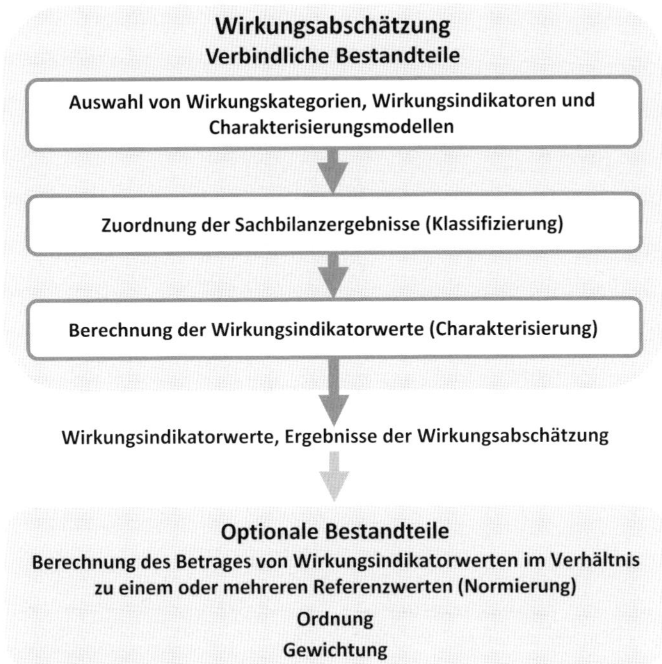

Bild 13: Schritte der Wirkungsabschätzung

Wirkungsabschätzung und Auswertung 3.4.3

Nach der Sachbilanz folgt die Wirkungsabschätzung. Die Wirkungsabschätzung übersetzt die Massen- und Energieflüsse der Sachbilanz in potenzielle Umweltwirkungen. Die einzelnen Schritte sind in Bild 13 dargestellt. Typischerweise werden die Umweltwirkungen in verschiedenen Wirkungskategorien, wie z. B. Treibhauspotenzial, Ozonabbaupotenzial, Versauerungspotenzial oder Ökotoxizitätspotenzial, ausgedrückt. Es gibt aber auch Methoden, die alle Umweltwirkungen in einen einzigen Indikator zusammenfassen. Für unternehmensinterne Anwendungen ist dies auch nach der Norm kein Problem, allerdings sind vergleichende Aussagen an die Öffentlichkeit auf Basis solcher Einwert-Methoden nach ISO 14044 verboten, da es keine wissenschaftliche Basis dafür gibt und das Ergebnis damit von Werthaltungen (Gewichtung) abhängt.

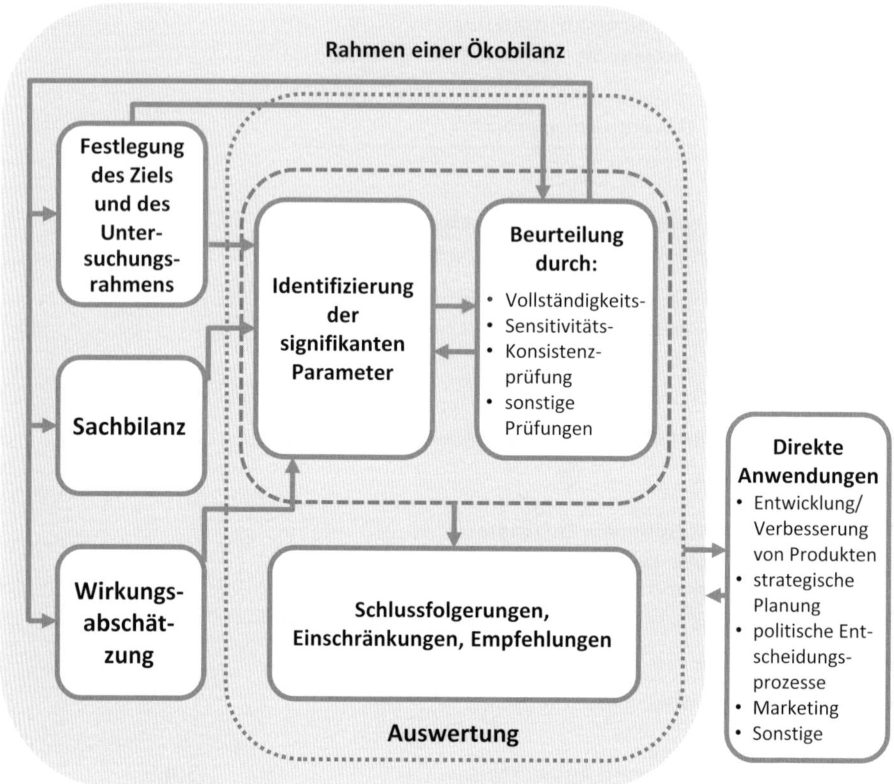

Bild 14: Schritte der Auswertung

Der abschließende Schritt der Ökobilanz ist die Auswertung. Wie in Bild 14 dargestellt, besteht sie aus drei wesentlichen Schritten:

- der Identifizierung der signifikanten Parameter auf der Grundlage der Ergebnisse der Sachbilanz- und Wirkungsabschätzungs-Phasen der Ökobilanz;
- einer Beurteilung, die die Vollständigkeits-, Sensitivitäts- und Konsistenzprüfungen berücksichtigt;
- Schlussfolgerungen, Einschränkungen und Empfehlungen.

3.4.4 Technische Spezifikationen zur Kritischen Prüfung und zur organisationsbezogenen Ökobilanz

In diesem Abschnitt werden die beiden 2014 erschienenen Technischen Spezifikationen ISO/TS 14071 „Umweltmanagement – Ökobilanz – Prozesse der Kritischen Prüfung und Kompetenzen der Prüfer: Zusätzliche Anforderungen und Anleitungen zu ISO 14044:2006" und ISO/TS 14072 „Environmental management – Life cycle assessment – Requirements and guidelines for organizational life cycle assessment" eingeführt. An dieser Stelle erfolgt der formale Hinweis, dass der bisherige ISO 14040-Normenkreis für die Normen im Bereich der Ökobilanzen verlassen werden musste, da inzwischen alle ISO 14040er-Nummern belegt sind. Mit diesen beiden Normen wurde demnach der neue ISO 14070-Normenkreis für Ökobilanznormen geöffnet, sodass in Zukunft bezüglich Ökobilanznormen nicht mehr allein von der ISO 14040-Serie, sondern von der ISO 14040- und ISO 14070-Serie gesprochen werden muss.

Inhaltlich adressiert die ISO/TS 14071 die Kritische Prüfung als die in der ISO 14040/44 vorgesehene Form der Konformitätsbewertung von Ökobilanzen. Das Modell der Kritischen Prüfung ist in der Ökobilanzpraxis etabliert und erfolgreich. Allerdings enthalten die Kernnormen ISO 14040/44 nur relativ wenige Anforderungen an den Prozess, sodass diese Lücke mit der ISO/TS 14071 geschlossen wurde. Kerninhalt der Norm ist eine Beschreibung des Kritischen Prüfungsprozesses inklusive der Festlegung des Umfangs der Prüfung, der Auswahl und des Ersatzes von Kritischen Prüfern, der Gültigkeit der Prüfaussage und des Prüfberichts sowie der Aufgaben der Prüfer sowie des Vorsitzenden eines Prüfungsausschusses.

Darüber hinaus werden Anforderungen an die Unabhängigkeit und die Kompetenzen einzelner Prüfer und des Prüfungsausschusses gestellt. Zu diesem Zweck ist in einem informativen Anhang auch ein Beispiel für die Selbstdeklaration der Unabhängigkeit und die Kompetenzen der Prüfer dargestellt.

Die Vornorm zur organisationsbezogenen Ökobilanz ISO/TS 14072 „Organizational Life Cycle Assessment (OLCA)" hat demgegenüber einen völlig anderen Charakter. Bei ihr geht es vielmehr darum, einem relativ neuen Anwendungsbereich von Ökobilanzen einen normativen Rahmen zu geben. Während Ökobilanzen ursprünglich für die Produktbewertung entwickelt wurden, gewinnt in letzter Zeit auch eine lebenszyklusorientierte Bewertung von Organisationen an Bedeutung. Die ISO/TS 14072 beschreibt knapp und anschaulich einige wesentliche Unterschiede bei der Untersuchung von Produkten und Organisationen. Dies betrifft vor allem die Definition des Untersuchungsrahmens inklusive der Untersuchungseinheit und der Systemgrenzen. Kern der Norm ist der normative Anhang A, der die Anforderungen an Methode und Berichterstattung aus der ISO 14044 auf die Organisationsebene überträgt. Dabei sind viele der Anforderungen ohne Änderungen gültig, wobei andere entsprechend adaptiert werden. Einige wenige Anforderungen, insbesondere zu den für Organisationen ausgeschlossenen vergleichenden Aussagen an die Öffentlichkeit, werden explizit als nicht für Organisationen zutreffend ausgewiesen.

3.4.5 Water Footprint

Der Water Footprint ist eine heute sehr aktuelle, von Ökobilanzen abgeleitete Methode mit wachsender Bedeutung. Der Wasserhaushalt der Erde wird nicht nur durch natürliche Begebenheiten, sondern auch durch menschliche Aktivitäten bestimmt. Er teilt sich in Trinkwasser, Wasser für sanitäre Einrichtungen sowie Wasser zur Bereitstellung von Energie, Essen und weiteren Gütern und Dienstleistungen auf. Dabei nimmt die Bewässerung der Felder in der Landwirtschaft etwa 70 Prozent des weltweiten Wasserbedarfs ein. Jedoch ist nur etwa ein Prozent der globalen Wasserressourcen nutzbares Trinkwasser. Dazu bestehen bedeutende Unterschiede in der regionalen Verteilung der Wassermengen. Somit existieren Länder mit Wasserknappheit, welche derzeit mehr als eine Milliarde Menschen betrifft. Dies kann zu verschiedenen Problemen führen, wie zum Beispiel Mangelernährung durch die Wasserknappheit in der Landwirtschaft und Schäden des Ökosystems wegen abnehmender Biodiversität. Ein weiteres Problem stellt die ungenügende Wasserqualität dar, weshalb sich Infektionskrankheiten verbreiten. Der Water Footprint von Produkten ermittelt den Wasserverbrauch, die Wasserdegradierung und entsprechende Auswirkungen entlang ihres Lebenszyklus.

Die Norm ISO 14046 „Umweltmanagement – Wasser-Fußabdruck – Grundsätze, Anforderungen und Leitlinien" betont einige zentrale Aspekte. Demnach sind für den Wasser-Fußabdruck die potenziellen Auswirkungen auf die Umwelt und nicht nur die verbrauchte oder verschmutzte Wassermenge von Bedeutung. Weiterhin sind nicht nur die direkte Verschmutzung des Wassers, sondern auch die indirekte Verunreinigung durch verschmutzte Luft oder Boden sowie der gesamte Lebenszyklus eines Produktes oder eines Unternehmens von Relevanz. Die Transparenz bezüglich der Berechnung des Fußabdrucks (Methodik, Einheitlichkeit) und ein unabhängiger, kritischer Vergleich der Wasser-Fußabdrücke (z. B. von verschiedenen Produkten) – insbesondere wenn er der Öffentlichkeit kommuniziert wird – sind weitere Inhalte der Norm. An der Erarbeitung der Norm haben sich 58 Länder und 22 Organisationen und Unternehmen mit insgesamt rund 100 Vertretern beteiligt, was das große Interesse an diesem Thema untermauert.

Inhaltlich sind einige sehr wichtige Begriffsdefinitionen zu erwähnen. Lange umstritten war die Definition des Water Footprint selbst, der als „metric(s) that quantifies the potential environmental impacts related to water" definiert wurde. Umstritten deshalb, da einige der bekanntesten und von einigen Anspruchsgruppen stark propagierten Methoden, wie das sogenannte Virtuelle Wasser oder die Methode des Water Footprint Networks, wegen der alleinigen Fokussierung auf die verbrauchte Wassermenge und nicht auf die Wirkung in der Umwelt, den Begriff streng genommen nicht verwenden können. Weitere Abschnitte der Norm beschreiben die Prinzipien, die Methode selbst inklusive ihrer Einschränkungen sowie die Berichterstattung und die Kritische Prüfung.

Ökoeffizienzbewertung 3.4.6

Unter Ökoeffizienz versteht man einen oder mehrere Indikatoren, welche die Relation umweltbezogener und ökonomischer Aspekten abbilden. Eine Ökoeffizienzbewertung ist eine Bewertung der Umweltauswirkungen eines Produktsystems in Bezug auf dessen Nutzen. Das Ergebnis der Ökoeffizienzbewertung bezieht sich auf das Produktsystem und nicht auf das Produkt an sich. Ein Produkt kann demzufolge als nicht ökoeffizient, aber dessen Produktsystem, das die Produktion, Anwendung und Beseitigung (vollständiger Lebensweg) einschließt, dennoch als ökoeffizient bewertet werden. Außerdem ist die Ökoeffizienz ein relatives Konzept und deshalb kann ein Produktsystem nur in Bezug auf ein anderes Produktsystem ökoeffizient sein.

Die Ökoeffizienzbewertung ist demnach ein quantitatives Managementwerkzeug, das die Untersuchung der Umweltauswirkungen im Verlauf des Lebenswegs eines Produktsystems in Bezug auf den zugehörigen Nutzen des Gesamtsystems ermöglicht. Im Rahmen einer Ökoeffizienzbewertung werden Umweltauswirkungen unter Anwendung der Ökobilanz bewertet, wie in ISO 14040/44 festgelegt. Folglich hat die Ökoeffizienzbewertung viele wichtige Prinzipien mit der Ökobilanz gemein, wie z.B. Lebenswegbetrachtung, Ganzheitlichkeit, auf die funktionelle Einheit bezogener Ansatz, iterativer Charakter, Transparenz und Priorität eines wissenschaftlichen Ansatzes. Der Nutzen des Produktsystems darf so gewählt werden, dass zum Beispiel dessen Effizienz hinsichtlich Ressourcen, Produktion, Vertrieb oder Gebrauch oder einer Kombination davon, widergespiegelt wird. Dieser Nutzen darf in monetären Einheiten oder anderen Nutzenaspekten angegeben werden.

Die wesentlichen Zielsetzungen der ISO 14045 „Ökoeffizienzbewertung von Produktsystemen – Prinzipien, Anforderungen und Leitlinien" sind die Festlegung einer eindeutigen Terminologie und eines gemeinsamen methodischen Rahmens für die Ökoeffizienzbewertung, die Ermöglichung der praktischen Anwendung der Ökoeffizienzbewertung bei einem breiten Spektrum von Produktsystemen (einschließlich Dienstleistungssystemen), das Bereitstellen einer klaren Anleitung zur Auswertung von Ergebnissen der Ökoeffizienzbewertung und die Förderung einer transparenten, genauen und informativen Berichterstattung zu Ergebnissen der Ökoeffizienzbewertung.

3.5 Umweltleistungsbewertung

DIN EN ISO 14031:2013-12, Umweltmanagement – Umweltleistungsbewertung – Leitlinien (ISO 14031:2013); Deutsche und Englische Fassung EN ISO 14031:2013

ISO/TS 14033:2012-03, Umweltmanagement – Quantitative Umweltinformation – Leitlinien und Beispiele; Englische Fassung ISO/TS 14033:2012

Die Umweltleistungsbewertung ist ein interner Managementprozess und ein Werkzeug, um kontinuierlich verlässliche und überprüfbare Informationen über die Zielerreichung der Umweltleistung zu erhalten. Andere Werkzeuge sind die Umweltprüfung und die Ökobilanz.

In Bild 15 ist das Prozessmodell für die Umweltleistungsbewertung dargestellt. Dabei handelt es sich wieder um einen PDCA-Zyklus.

Dieses Verfahren kann von Organisationen mit oder ohne Umweltmanagementsystem angewandt werden. Bei Organisationen mit einem Umweltmanagementsystem wird die Umweltleistung auf die Umweltpolitik oder allgemeine und spezifische Ziele bezogen. Bei Organisationen ohne ein Umweltmanagementsystem werden z. B. folgende Fragen beantwortet:

- Welche Umweltaspekte existieren?
- Welche Umweltaspekte sind wichtig?
- Wie können sie gemessen werden?
- Wie sieht die Umweltleistung aus?

Damit unterstützt die ISO 14031 die Einführung und Anwendung eines Umweltmanagementsystems nach der ISO 14001, kann aber auch davon unabhängig genutzt werden.

Bei den Kennzahlen für die Umweltleistungsbewertung wird zwischen Umweltleistungskennzahlen und Umweltzustandsindikatoren unterschieden. Während – wie der Name schon sagt – Umweltzustandsindikatoren den Zustand der Umwelt beschreiben und damit eine Information für die Organisation darstellen, können Umweltleistungskennzahlen differenziert werden nach Managementleis-

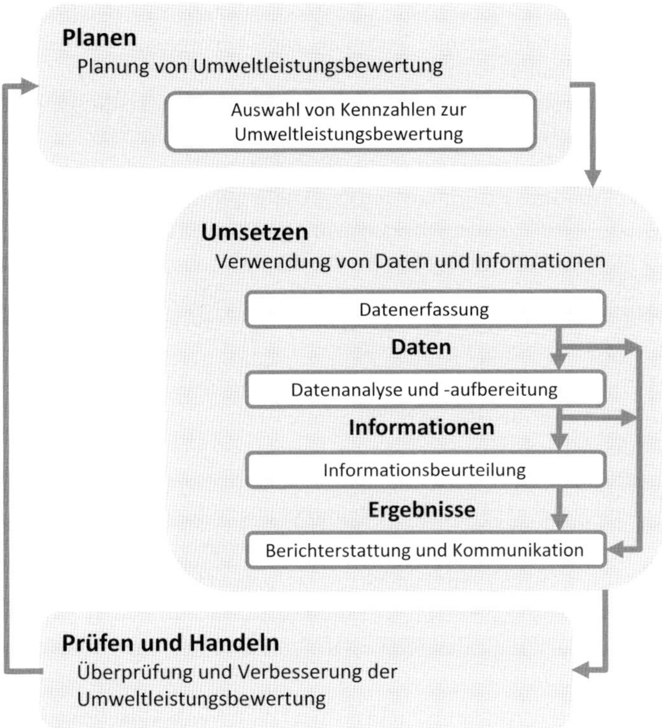

Bild 15: Umweltleistungsbewertung

tungskennzahlen und operativen Leistungskennzahlen. Die Norm erläutert diese komplexen Zusammenhänge anhand vieler Beispiele. Im Zusammenhang mit Maßnahmen zur Wassereinsparung sind Umweltzustandsindikatoren der Grundwasserspiegel oder die Regenerationsrate, operative Leistungskennzahlen die Menge des Wasserverbrauchs je Tag oder je Produktionseinheit und eine Managementkennzahl der Geldbetrag, der für die Erforschung von Methoden zur Reduzierung des Wasserverbrauchs ausgegeben wird.

Die Norm erläutert Einzelheiten in neun praktischen Hilfen und einem Anhang und gibt Beispiele für die Umsetzung. Von besonderem Interesse sind die Anwendungen der Umweltleistungsbewertung in KMU. Dazu hat die Fachhochschule Lübeck untersucht, ob die ISO 14031 einen Beitrag zur fortlaufenden Verbesserung der Umweltleistung leisten kann, ob sie sich auch für klein- und mittelständische Unternehmen eignet und welchen Anwendernutzen die KMU in der ISO 14031 sehen (21). „Folgende Erkenntnisse wurden gewonnen:

- Durch die Berücksichtigung interessierter Parteien als Zielgruppe interner und externer Kommunikation konnte eine marktorientierte Planung von Umweltkennzahlen durchgeführt werden.
- Die Verbindung zum Umweltkostenmanagement wurde transparent gemacht.
- Der Anwendernutzen von Umweltkennzahlen wurde vermittelt, zum Beispiel zur Prüfung und Vorbereitung investiver Maßnahmen.
- Die Vorteile einer prozessorientierten Einführung von Umweltmanagementsystemen wurden verdeutlicht.
- Es wurde ein Verfahren entwickelt, um mit geringem externen Beratungsaufwand maßgeschneiderte Kennzahlensysteme für KMU-Bedürfnisse zu erarbeiten.

Mit Hilfe des implementierten Umweltkennzahlensystems haben die Unternehmen die Möglichkeit erhalten, ihre

- Umweltziele kontinuierlich zu überprüfen und zu steuern und deren Umsetzung mit tragfähigen Daten zu dokumentieren;
- Optimierungspotenziale aufzudecken und mit Daten zu hinterlegen;
- Umweltleistung intern als auch extern zu kommunizieren.

Es hat sich gezeigt, dass die ISO 14031 sowohl für Unternehmen mit eingeführtem Umweltmanagementsystem, als auch für Unternehmen ohne Umweltmanagementsystem ein geeignetes Werkzeug darstellt."

Am Beispiel einer Schreinerei könnten z. B. die folgenden Umweltaspekte identifiziert und Leistungskennzahlen abgeleitet werden:

Umweltaspekt	Umweltleistungskriterium
Elektrizitätsverbrauch	Reduziere Elektrizitätsverbrauch
Wasserverbrauch	Reduziere Wasserverbrauch
Gebrauch von festem Holz (statt Compound-Materialien)	Erhöhe die Verwendung von festem Holz
Verbrauch von Farbe und Klebstoff	Reduziere den Verbrauch von Farbe und Klebstoff
Behandlung von Holzoberflächen mit natürlichen Wachsen und Ölen	Erhöhe den Prozentsatz der mit natürlichen Wachsen und Ölen behandelten Oberflächen
Verbrauch von Lösungsmitteln	Reduziere das Volumen der gebrauchten Lösungsmittel
Erzeugung von Abfall	Reduziere die Menge an Abfall

3.6 Integration von Umweltaspekten in die Entwicklung

DIN-Fachbericht ISO/TR 14062:2003, Umweltmanagement: Integration von Umweltaspekten in Produktdesign und -entwicklung

Alle Produkte haben auf ihrem Lebensweg Auswirkungen auf die Umwelt. Sinnvollerweise sollten diese Auswirkungen zu einem möglichst frühen Zeitpunkt erkannt, besser noch minimiert werden. Zahlreiche Untersuchungen belegen, dass nur durch die frühzeitige Berücksichtigung dieser Aspekte ökonomische Nachteile vermieden werden. Wird beispielsweise ein Problem erst nach Aufnahme der Produktion erkannt, ist eine Korrektur stets mit hohen Kosten verbunden. Diese Überlegung erzwingt geradezu die Integration von Umweltaspekten in den Entwicklungsprozess. Der technische Bericht ISO/TR 14062 beschreibt neben den Möglichkeiten zur Realisierung auch die zu erwartenden Vorteile.

Wie in Kapitel 3.1.3 ausgeführt, ist der ISO/TR 14062 heute im Kontext der ISO 14006 zu sehen. Während die ISO 14006 die Integration der umweltgerechten Produktentwicklung in das Umweltmanagementsystem beschreibt, adressiert der ISO/TR 14062 eher die Tätigkeit der Entwickler selbst. Der Leitfaden wendet sich daher primär an Produktentwickler und Entscheidungsträger in den Unternehmen – für alle Branchen und Produkte, auch als Basis für die Erarbeitung von branchenspezifischen Dokumenten. Er bietet somit einen Orientierungs- und Kommunikationsrahmen mit der Darstellung des ökologischen Designs und dessen Verknüpfung mit einem Umweltmanagementsystem.

Neben den bereits erwähnten können zudem folgende Vorteile erreicht werden:

- Niedrigere Kosten durch optimierte Ressourcennutzung
- Erfüllen der Kundenerwartungen
- Motivation der Beschäftigten
- Zusätzliches Wissen über das Produkt
- Verbesserte interne und externe Kommunikation

Im Kapitel zu strategischen Überlegungen werden im Rahmen der existierenden Politik und Strategie Themen über Organisation, Produkt und Kommunikation erörtert. Beispielsweise berücksichtigen die organisatorischen Themen die Aktivitäten des Wettbewerbs oder Erwartungen der Kunden. Beispiele für produktbezogene Themen schließen die möglichst frühe Integration und das Lebenswegdenken ein. Kommunikationsthemen beziehen sich auf die interne und die externe Kommunikation.

Das Kapitel zu Management-Überlegungen berücksichtigt die Rolle des Managements, das proaktive Verhalten, die Verknüpfung mit einem existierenden Managementsystem, die Zusammenarbeit von Mitarbeitern aus unterschiedlichen Berufssparten sowie das Management der Lieferkette. Das Management spielt unter anderem eine wichtige Rolle bei der Initiierung des Integrationsprozesses. Mit einem proaktiven Verhalten wird versucht, negativen Umwelteinwirkungen vorzubeugen, bevor sie eintreten. Ein existierendes Qualitäts- oder Umweltmanagementsystem kann den Integrationsprozess stark unterstützen, da generell das Prozessdenken ein wichtiger Bestandteil des Systems ist. Üblicherweise ist der Produkt-Entwicklungsprozess ein bedeutender Baustein eines solchen Systems.

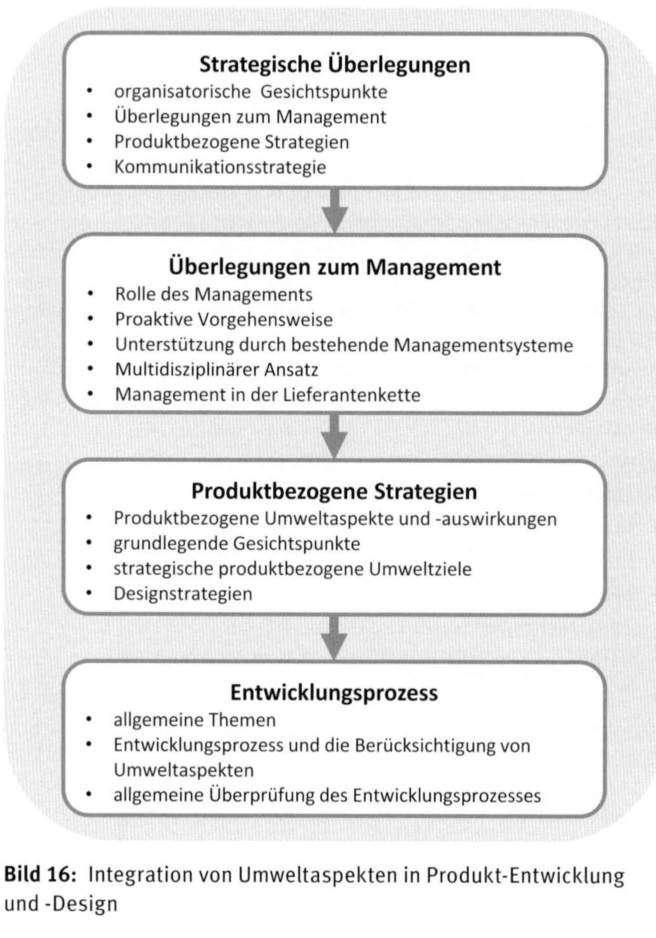

Bild 16: Integration von Umweltaspekten in Produkt-Entwicklung und -Design

Die produktbezogenen Umweltaspekte und -wirkungen hängen im Wesentlichen mit allen Inputs und Outputs während des Lebenszyklus des Produkts zusammen. Hiermit sind auch die möglichen strategischen Umweltziele verknüpft. Zum einen können sich diese auf die Einsparung von Ressourcen durch Optimierung von Prozessen, Recycling, Energierückgewinnung usw. beziehen, zum anderen auf die Vorbeugung von Umweltauswirkungen wie Emissionen oder Abfall. Bild 16 zeigt die wesentlichen Elemente der Integration von Umweltaspekten in Produkt-Entwicklung und -Design.

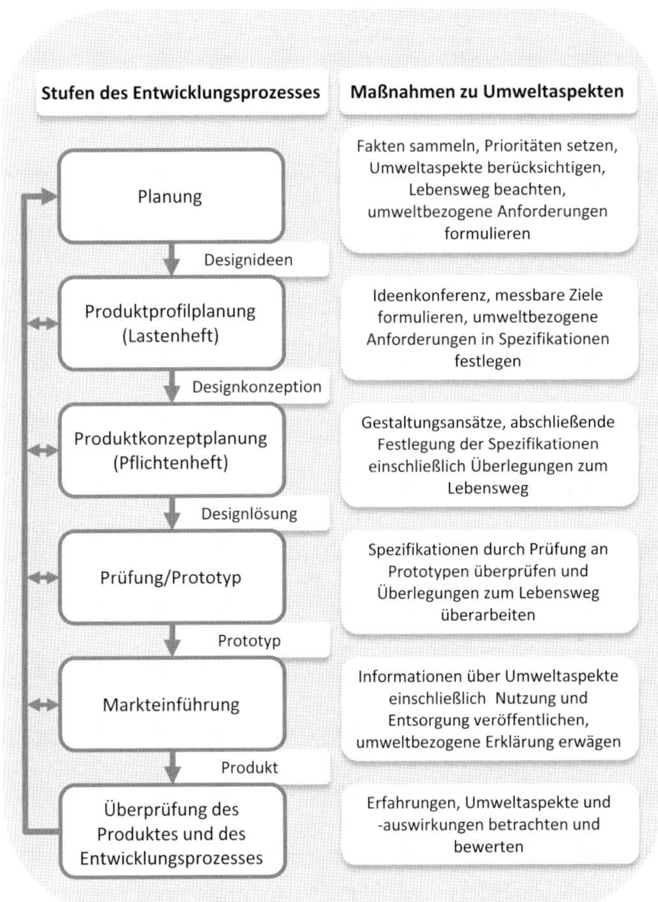

Bild 17: Modell zur Berücksichtigung von Umweltaspekten im Entwicklungsprozess

Obwohl der Entwicklungsprozess generell und die Möglichkeiten für die Integration von Umweltaspekten von den jeweiligen Produkten und Unternehmen abhängen, lässt sich ein allgemeines Modell mit den Abschnitten Planung, Produktprofilplanung (Lastenheft), Produktkonzeptplanung (Pflichtenheft), Prüfung/Prototyp, Markteinführung sowie Überprüfung des Produktes und Entwicklungsprozesses darstellen. Bild 17 zeigt diese Stufen des Entwicklungsprozesses und die potenziellen Maßnahmen der jeweiligen Umweltaspekte schematisch auf.

3.7 Umweltkommunikation

DIN EN ISO 14063, Umweltmanagement – Umweltkommunikation – Anleitungen und Beispiele (ISO 14063:2006); Deutsche Fassung EN ISO 14063:2010

Organisationen sind zunehmend aufgefordert, Information über ökologische Aspekte ihrer Tätigkeiten zu beschaffen und für die Öffentlichkeit bereitzustellen. Über die Information hinaus werden Dialoge und Kommunikationsprozesse erforderlich, um externe Faktoren und Erwartungen besser berücksichtigen zu können. DIN ISO 14063 beschreibt die verschiedenen Möglichkeiten einer Umweltkommunikation und deren Verankerung in der Organisation. Ein Überblick dazu ist in Bild 18 dargestellt.

Neben den Beschreibungen enthält die Norm zahlreiche praktische Hilfen und Fallbeispiele, unter anderem zu den Themen Prioritäten für das Festlegen von Zielsetzungen, Beispiele für interessierte Parteien, Kosten bei Nichteinführung einer Umweltkommunikation, Beispiele für Informationsquellen zu einer Aktion der Umweltkommunikation, Überlegungen zur Planung von Aktionen der Umweltkommunikation in Krisen und Notfällen sowie Umweltkommunikationskennzahlen.

Die praktische Hilfe mit Beispielen für interessierte Parteien zeigt die Komplexität der Aufgabe, geeignete Informationen für den richtigen Personenkreis bereitzustellen. Aufgeführt ist eine Vielzahl interessierter Parteien von Mitarbeitern über Kunden, Wettbewerber, Anteilseigner, Behörden, Experten, Medienunternehmen bis Nicht-Regierungsorganisationen. Auf der einen Seite muss das Unternehmen entscheiden, welche Informationen herausgegeben werden können, auf der anderen Seite müssen diese Informationen auch den Wünschen und Erwartungen der interessierten Parteien entsprechen.

Besonders hilfreich ist im Kapitel „Auswahl von Methoden und Instrumenten der Umweltkommunikation" eine umfangreiche Tabelle, in der zu einzelnen Techniken die Punkte

- Beschreibung

- Stärken
- Schwächen
- was Sie beachten sollten

zusammengestellt sind. Auch wenn die Tabelle nicht den Anspruch auf Vollständigkeit erheben kann, zeigt eine Auswahl aus den schriftlichen, verbalen und sonstigen Instrumenten die Bedeutung und Vielfältigkeit der Umweltkommunikation.

Dazu gehören beispielsweise Internetseiten, Umwelt- oder Nachhaltigkeitsberichte, gedruckte Materialien, Produkt- und Dienstleistungsinformationskennzeichnungen oder -deklarationen, Poster/Aushänge, Briefe, E-Mails, Medien/Sonderbeiträge in Zeitungen, Medien/Pressemitteilungen, Medien/Werbung, öffentliche Treffen, Interviews mit interessierten Parteien/persönliche Kontakte, Befragungen, Tage der offenen Tür, Workshops, Konferenzen, Dialogveranstaltungen, Kooperationsprojekte, Nachhaltigkeitsvereinbarungen oder Kunstausstellungen.

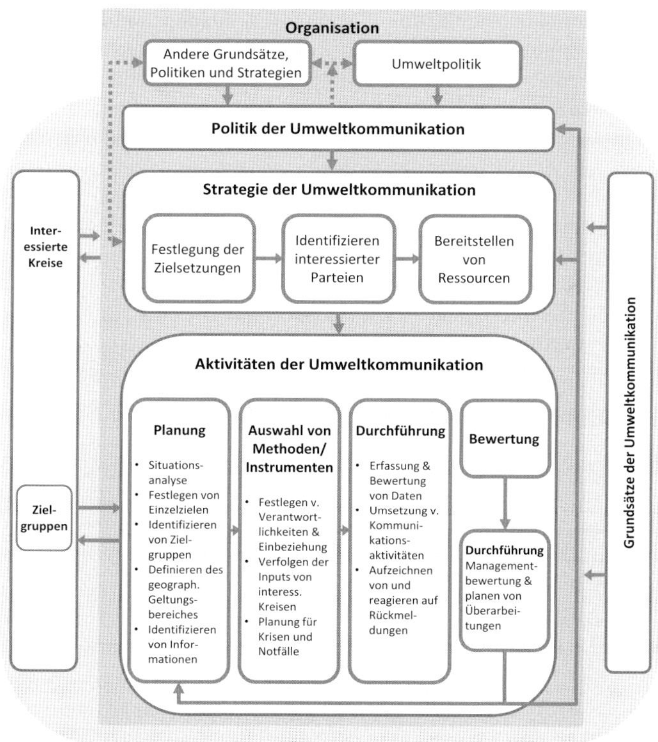

Bild 18: Umweltkommunikation nach ISO 14063

Entscheidend für die Zukunft eines Unternehmens kann das kommunikative Verhalten bei Umweltkrisen und Notfällen sein. Das Unternehmen sollte daher alle vorhersehbaren Möglichkeiten identifizieren und eine geeignete Umweltkommunikation planen, um nicht von solchen Vorfällen überrascht zu werden und dann unkoordiniert zu reagieren. In einer praktischen Hilfe werden Anleitungen zur Planung und Durchführung gegeben.

Neben der ISO 14063 beschäftigen sich auch fast alle anderen Dokumente der ISO 14000-Serie mit dem Thema Umweltkommunikation. Die Entwickler der ISO 14063 haben im Anhang A der Norm eine Referenztabelle zu allen ISO 14000er-Dokumenten zusammengestellt. Dieser Anhang identifiziert Abschnitte, Unterabschnitte und Anhänge, in denen auf Tätigkeiten der Umweltkommunikation Bezug genommen wird, diese verlangt oder diese angeraten werden und für die ISO 14063 bei der Umsetzung der anderen Normen Hilfestellung geben kann.

Mit der ISO 14063 liegt ein Dokument vor, das die Möglichkeiten für eine Umweltkommunikation bei den verschiedensten Aktivitäten einer Organisation zusammenfasst. Damit wird die klassische Kommunikation erweitert durch die Integration der Umweltthemen in die Gesamtkommunikation und durch neue Themen, wie Stakeholderdialog oder Zielgruppen. Wichtige Aufgabe der Kommunikation ist das Erreichen von Verhaltensänderungen bei den Dialogpartnern. Die ISO 14063 ist als Handlungsanleitung zu den verschiedenen Kommunikationsmöglichkeiten zu verstehen. Sie enthält keine definierten Vorgaben für die Umweltkommunikation, wie sie beispielsweise für Geschäftsberichte von Unternehmen inzwischen existieren. Daher kann die ISO 14063 auch nicht als Grundlage für eine Zertifizierung genutzt werden.

3.8 Treibhausgasmanagement

DIN EN ISO 14064-1:2012-05, Treibhausgase – Teil 1: Spezifikation mit Anleitung zur quantitativen Bestimmung und Berichterstattung von Treibhausgasemissionen und Entzug von Treibhausgasen auf Organisationsebene (ISO 14064-1:2012); Deutsche und Englische Fassung EN ISO 14064-1:2012

DIN EN ISO 14064-2:2012-05, Treibhausgase – Teil 2: Spezifikation mit Anleitung zur quantitativen Bestimmung, Überwachung und Berichterstattung von Reduktionen der Treibhausgasemissionen oder Steigerungen des Entzugs von Treibhausgasen auf Projektebene (ISO 14064-2:2006); Deutsche und Englische Fassung EN ISO 14064-2:2012

DIN EN ISO 14064-3:2012-05, Treibhausgase – Teil 3: Spezifikation mit Anleitung zur Validierung und Verifizierung von Erklärungen über Treibhausgase (ISO 14064-3:2006); Deutsche und Englische Fassung EN ISO 14064-3:2012

DIN EN ISO 14065:2013-07, Treibhausgase – Anforderungen an Validierungs- und Verifizierungsstellen für Treibhausgase zur Anwendung bei der Akkreditierung oder anderen Formen der Anerkennung (ISO 14065:2013); Deutsche und Englische Fassung EN ISO 14065:2013

ISO 14066:2011-04, Treibhausgase – Kompetenzanforderungen für Validierungs- und Verifizierungsteams von Treibhausgasen; Englische Fassung ISO 14066:2011

ISO/TS 14067:2014-09, Treibhausgase – Carbon Footprint von Produkten – Anforderungen an und Leitlinien für Quantifizierung und Kommunikation (ISO/TS 14067:2013); Deutsche und Englische Fassung CEN ISO/TS 14067:2014

ISO/TR 14069:2013-05, Treibhausgase – Quantifizierung und Berichterstattung von Treibhausgasemissionen für Organisationen – Leitfaden für die Anwendung der ISO 14064-1; Englische Fassung ISO/TR 14069:2013

3.8.1 DIN EN ISO 14064er-Normen

Die ISO 14064 soll weltweit für Organisationen, Regierungen, Antragsteller von Projekten und betroffene Parteien von Nutzen sein, indem sie Klarheit und Einheitlichkeit (Konsistenz) hinsichtlich der quantitativen Bestimmung, des Monitorings, der Berichterstattung und der Validierung oder Verifizierung von Treibhausgasbilanzen oder -projekten schafft. Die Anwendung der ISO 14064 soll dabei helfen:

- die ökologische Integrität der quantitativen Bestimmung von Treibhausgasen zu erhöhen,
- die Glaubwürdigkeit, Einheitlichkeit und Transparenz von quantitativer Bestimmung, Monitoring und Berichterstattung von Treibhausgasen, einschließlich der Reduktion von Treibhausgasemissionen und der Steigerung des Entzugs von Treibhausgasen bezogen auf ein Treibhausgasprojekt zu erhöhen,
- die Entwicklung und Verwirklichung von Strategien und Plänen zum Treibhausgasmanagement einer Organisation zu erleichtern,
- die Entwicklung und Umsetzung von Treibhausgasprojekten zu erleichtern,
- die Leistung und den Fortschritt bei der Reduktion von Treibhausgasemissionen und/oder der Zunahme des Entzugs von Treibhausgasen nachzuverfolgen und

- die Anrechnung von und den Handel mit Reduktionen von Treibhausgasemissionen und/oder Steigerungen des Entzugs von Treibhausgasen zu erleichtern.

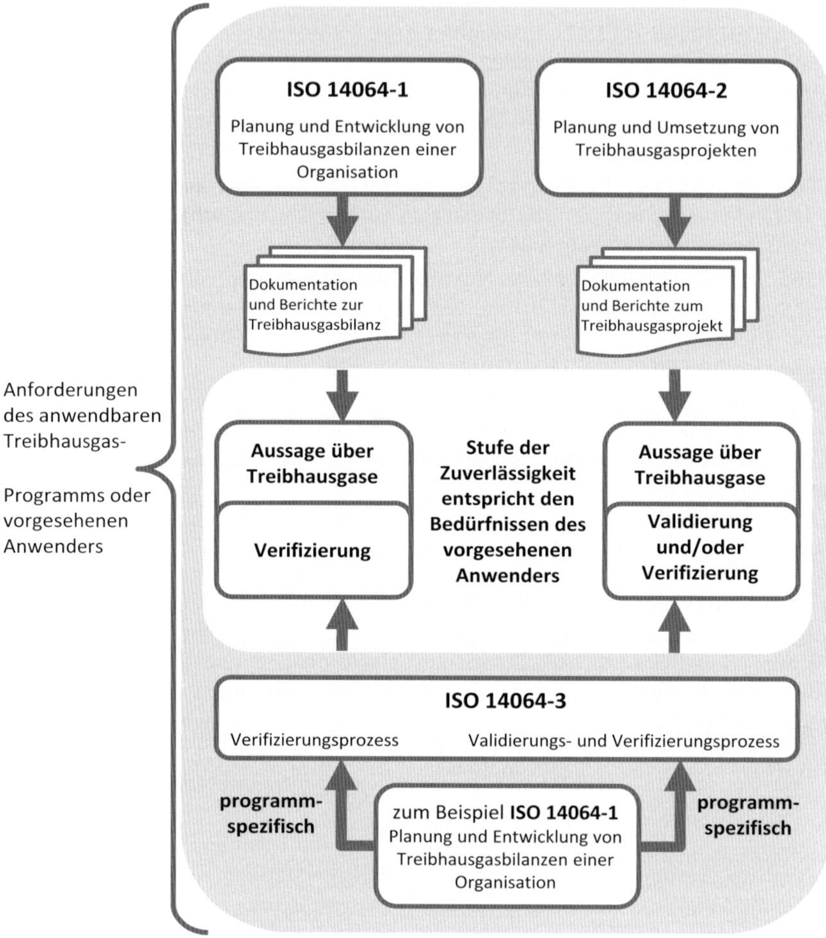

Bild 19: Übersicht der ISO 14064

In Bild 19 ist der Zusammenhang zwischen den drei Teilen der ISO 14064 dargestellt. Teil 1 der ISO 14064 beschreibt die Grundsätze für und Anforderungen an die Erstellung, das Management und die Berichterstattung von Treibhausgasbilanzen auf Unternehmensebene. Darüber hinaus sind Anforderungen enthalten sowohl an die

Festlegung von Grenzen bezüglich der Treibhausgasemissionen und die quantitative Bestimmung der Treibhausgasemissionen als auch für die Identifizierung spezieller Maßnahmen oder Tätigkeiten des Unternehmens, die auf eine Verbesserung des Treibhausgasmanagements abzielen. Der Teil 1 enthält außerdem Anforderungen an das Qualitätsmanagement von Treibhausgasbilanzen, die Berichterstattung, die Durchführung interner Audits und die Verantwortlichkeiten der Organisation in Bezug auf Verifizierungstätigkeiten.

In Teil 2 der ISO 14064 liegt der Schwerpunkt auf Treibhausgasprojekten oder projektbezogenen Tätigkeiten, die speziell dafür ausgelegt sind, Treibhausgasemissionen zu reduzieren. Teil 2 enthält Grundsätze für und Anforderungen an die Festlegung von Bezugsszenarien von Projekten und das Monitoring, die quantitative Bestimmung und die Berichterstattung bezüglich der Leistung des Projektes in Abhängigkeit vom Bezugsszenario. Dies bildet die Grundlage für zu validierende und zu verifizierende Treibhausgasprojekte.

In Teil 3 der ISO 14064 sind die Grundsätze für und Anforderungen an die Verifizierung von Treibhausgasbilanzen und die Validierung oder Verifizierung von Treibhausgasprojekten beschrieben. Der Prozess der treibhausgasbezogenen Validierung oder Verifizierung wird beschrieben und die Bestandteile, wie z. B. Planung der Validierung oder Verifizierung, Beurteilungsverfahren und die Beurteilung von Aussagen über Treibhausgase einer Organisation oder eines Projektes, werden festgelegt. Damit kann der Teil 3 der ISO 14064 von Organisationen oder unabhängigen Stellen zur Validierung oder Verifizierung von Aussagen über Treibhausgase angewendet werden.

Carbon Footprint 3.8.2

Ein sehr lang andauerndes und kontroverses Thema war die Entwicklung der ISO/TS 14067 „Treibhausgase – Carbon Footprint von Produkten (CFP) – Anforderungen an und Leitlinien für Quantifizierung und Kommunikation“, die letztlich 2013 nicht als Norm, sondern als Technische Spezifikation erschienen ist. Vor allem durch die Ablehnung vieler Entwicklungsländer wegen der Befürchtung von negativen Auswirkungen auf den Handel konnte über die Veröffentlichung einer vollen Norm – trotz mehrmaliger Versuche – kein Einverständnis erzielt werden. Daher beschloss das Technische Komitee ISO/TC 207/SC 7 die Veröffentlichung einer Technischen Spezifikation aufgrund geringerer Akzeptanzkriterien.

Von dieser Technischen Spezifikation ISO/TS 14067 wird erwartet, dass sie Organisationen, Regierungen, Gemeinschaften und sonstige interessierte Parteien unterstützt, indem sie Klarheit und Konsistenz in Bezug auf die Quantifizierung und die Kommunikation von CFP ausweist. Die Anwendung der Ökobilanz nach dieser Technischen Spezifikation, mit dem Klimawandel als einziger Wirkungskategorie, zielt auf

- die Bereitstellung von Anforderungen an die Verfahren, die bei der Berechnung des CFP anzuwenden sind,
- die Vereinfachung der Leistungsverfolgung in Bezug auf die Reduzierung von emittierten THG-Mengen,
- die Hilfestellung bei der Erarbeitung effizienter und einheitlicher Verfahren zur Bereitstellung von Informationen zum CFP für interessierte Parteien,
- die Schaffung eines besseren Verständnisses für den CFP, so dass Möglichkeiten für die Reduzierung von THG identifiziert werden können,
- die Bereitstellung von Informationen zum CFP, um zu Veränderungen im Verbraucherverhalten zu ermutigen und so durch bessere Entscheidungen bei Kauf und Nutzung sowie bei der Entsorgung und Verwertung am Ende des Produktlebenswegs zur Reduzierung von emittierten THG-Mengen beizutragen,
- die Bereitstellung einer korrekten und einheitlichen Kommunikation des CFP, die die Vergleichbarkeit der Produkte auf einem freien und offenen Markt fördert,
- die Erhöhung der Glaubwürdigkeit, Konsistenz und Transparenz der Quantifizierung, Berichterstattung und Kommunikation des CFP,
- die Unterstützung der Beurteilung von alternativen Ausführungs- und Beschaffungsoptionen für Produkte, Fertigungs- und Herstellungsverfahren, Auswahlmöglichkeiten für Rohstoffe, Recyclingoptionen und sonstigen Prozessen am Ende des Produktlebenswegs sowie
- die Unterstützung der Entwicklung und Umsetzung von Managementstrategien und -plänen zum Klimaschutz über die Produktlebenswege sowie Erleichterung der Feststellung zusätzlicher Nutzeffekte innerhalb der Lieferkette.

Diese Vornorm ist mit rund 100 Seiten in der zweisprachigen Fassung sehr umfangreich, wobei der Teil der Quantifizierung des CFP weite Teile der ISO 14040/44 in leicht abgewandelter Form kopiert und relativ wenig neue Anforderungen bringt. Der zweite Teil zur Kommunikation des CFP ist ebenfalls umfassend und adressiert mehrere einschlägige Kommunikationsformen für den CFP auf Basis der ISO 14020-Serie.

Sonstige Normen und Dokumente der (DIN EN) ISO 14000-Serie 3.9

An dieser Stelle werden die Normen zu Begriffsdefinitionen (ISO 14050) und zur Materialflusskostenrechnung (ISO 14051) vorgestellt.

DIN EN ISO 14050 3.9.1

DIN EN ISO 14050:2010-08 „Umweltmanagement – Begriffe (ISO 14050:2009); Dreisprachige Fassung EN ISO 14050:2010“ fasst die in den Dokumenten der ISO 14000-Serie benutzten Definitionen in deutscher, englischer und französischer Sprache zusammen. Zusätzlich gibt es jeweils ein alphabetisches Stichwortverzeichnis einschlägiger Begriffe in russischer, spanischer, arabischer, finnischer, italienischer, niederländischer, norwegischer, portugiesischer und schwedischer Sprache.

Diese Norm ist vor allem dafür vorgesehen, den Anwendern von Normen eine Zusammenstellung von Begriffen auf dem Gebiet des Umweltmanagements zur Verfügung zu stellen. Die für die Erarbeitung zuständige Gruppe versucht gleichzeitig, eine Harmonisierung bei der Benutzung von Begriffen innerhalb der ISO 14000-Serie, aber auch mit anderen Normen wie z. B. der ISO 9000-Serie zum Qualitätsmanagement, zu erreichen. Zusätzlich zu den Definitionen gibt die ISO 14050 Hinweise mit Literaturquellen auf andere Konzepte mit Umweltrelevanz wie Best Available Technology (BAT), Critical load, ‚Polluter pays‘ principle, Pollution und Sustainable Development.

DIN EN ISO 14051 3.9.2

DIN EN ISO 14051:2011-08 „Umweltmanagement – Materialflusskostenrechnung – Allgemeine Rahmenbedingungen (ISO 14051:2011; Deutsche und Englische Fassung DIN EN ISO 14051:2011)“ enthält allgemeine Rahmenbedingungen für die Materialflusskostenrechnung (MFKR). Die MFKR ist ein Managementinstrument, das Organisationen dabei unterstützen kann, mögliche umweltbezogene und monetäre Auswirkungen ihrer Material- und Energieverbräuche besser zu verstehen und sowohl umweltbezogene als auch kostenbezogene Verbesserungspotenziale aufzuzeigen, die durch Änderungen der Material- und Energieverwendung erreicht werden können.

Die MFKR erhöht die Transparenz der Materialverbräuche über die Entwicklung eines Materialflussmodells, das die Materialflüsse und -bestände innerhalb einer Organisation in physikalischen Einheiten verfolgt und quantifiziert. Dabei kann Energie in der MFKR entweder dem Material zugeordnet oder separat mengenmäßig erfasst werden. Kosten, die durch diese Materialflüsse entstehen und/oder mit ihnen verbunden sind, werden nachfolgend ebenso quantifiziert und zugeordnet. Insbesondere fokussiert die MFKR auf den Vergleich zwischen den Produkten zurechenbaren Kosten und solchen Kosten, die auf Materialverluste zurückzuführen sind, wie z. B. auf Abfall, luftverschmutzende Emissionen oder Abwasser.

Daten zu Materialverlusten und die damit verbundenen Kosten sind oft nur schwer aus den konventionellen Informationssystemen/Abrechnungssystemen zu gewinnen. Auch stellt die Bewertung von Umweltauswirkungen keine monetären Daten zu Materialverlusten zur Verfügung, die von Organisationen erzeugt werden. Werden diese Daten aber durch die MFKR verfügbar gemacht, so können sie dazu genutzt werden, um Möglichkeiten aufzuzeigen, den Materialverbrauch und/oder Materialverluste zu reduzieren, den effizienten Gebrauch von Material und Energie zu verbessern, die unerwünschten Umweltauswirkungen zu vermindern und die Kosten zu reduzieren.

Die MFKR ist in allen Branchen, die Materialien und Energie benötigen, einschließlich Rohstoffgewinnung, Fertigung, Dienstleistung etc. einsetzbar. Sie kann in Organisationen beliebiger Art, Größe oder Region eingeführt werden, mit oder ohne den Einsatz eines Umweltmanagementsystems (UMS). Beispiele für MFKR-Anwendungen in ausgewählten Branchen stellt der Anhang der Norm zur Verfügung.

Die MFKR wird als zentrales Instrument der Umweltkostenrechnung (UKR) betrachtet und wurde ursprünglich für die Anwendung bezogen auf einen einzelnen Standort oder eine einzelne Organisation entworfen. Dennoch kann die MFKR auch auf mehrere Organisationen innerhalb einer Lieferkette ausgedehnt werden, um ihnen bei der Entwicklung eines integrierten Ansatzes für eine effizientere Nutzung von Material und Energie behilflich zu sein.

Diese Internationale Norm stellt allgemeine Bezeichnungen, Zielvorgaben, Grundsätze, wesentliche Bestandteile und Umsetzungsschritte bereit. Zusätzlich veranschaulichen die Anhänge den Unterschied zwischen MFKR und konventioneller Kostenrechnung, Kostenallokationsverfahren und Fallstudien zur MFKR-Anwendung aus unterschiedlichen Branchen und entlang einer Lieferkette.

3.10 Sonstige Normen unter Mitwirkung des TC 207

In diesem Abschnitt werden noch einige relevante Normen vorgestellt, die nicht direkt zur ISO 14000-Serie gehören, die aber unter Mitwirkung des TC 207 entstanden sind.

ISO Guide 64 3.10.1

Durch die Technische Regel DIN SPEC 59; DIN ISO Guide 64:2010-05 „Leitfaden zur Einbeziehung von Umweltgesichtspunkten in Produktnormen (ISO Guide 64:2008)" soll sichergestellt werden, dass Umweltaspekte bei der Erarbeitung von Normen in allen Bereichen eine stärkere Berücksichtigung finden. Mögliche nachteilige Umweltauswirkungen von Produkten sollen dadurch reduziert werden, indem Umweltgesichtspunkte in Produktnormen berücksichtigt werden. Dieser Leitfaden gibt hierzu eine Anleitung. Er richtet sich in erster Linie an die Ersteller von Produktnormen, mit Hilfe dieses Leitfadens grundlegende Umweltaspekte und Umweltauswirkungen des betrachteten Produkts zu erkennen und zu verstehen und darüber hinaus zu ermitteln, ob es möglich ist, einen Umweltgesichtspunkt in einer Produktnorm zu behandeln.

DIN ISO 26000 3.10.2

Die DIN ISO 26000:2011-01 „Leitfaden zur gesellschaftlichen Verantwortung (ISO 26000:2010)" soll jeder Organisation helfen festzustellen, welche Form gesellschaftlicher Verantwortung sie übernehmen kann. Der Leitfaden dient als Handlungshilfe für alle Arten und Größen von Organisationen und enthält Empfehlungen und Orientierungshilfen. Es handelt sich dabei um ein 100-seitiges Dokument zur weltweiten Anwendung, das in einem aufwändigen Prozess unter Beteiligung mehrerer hundert Experten und gesellschaftlicher Anspruchsgruppen entwickelt wurde. Nur formal gesehen ist es eine ‚Norm'. Einerseits wird ein allumfassender Ansatz globaler Anwendbarkeit verfolgt, andererseits wird anerkannt, dass jeder Einzelfall spezifisch sein kann. Zitat:

„Es wird empfohlen, dass eine Organisation bei der Anwendung dieser Internationalen Norm sowohl die gesellschaftliche, ökologische, rechtliche, kulturelle und politische Vielfalt beachtet, als auch unterschiedliche Organisationsformen und wirtschaftliche Rahmenbedingungen, solange die Organisation dabei im Einklang mit internationalen Verhaltensstandards steht."

Bei dieser Norm handelt es sich nicht um eine Managementsystemnorm. Sie ist weder für Zertifizierungszwecke noch für die gesetzliche oder vertragliche Anwendung vorgesehen oder geeignet. Es stellt eine Fehlinterpretation der Absicht und des Zwecks sowie einen Missbrauch dieser Norm dar, Zertifizierungen gemäß der ISO 26000 anzubieten.

Der Leitfaden beschreibt sieben Kernthemen und diverse Handlungsfelder und gibt entsprechende Empfehlungen. Als gedankliche Leitlinie dienen dabei die sieben Prinzipien gesellschaftlicher Verantwortung (Rechenschaftspflicht, Transparenz, ethisches Verhalten, Achtung der Interessen der Stakeholder, Achtung der Rechtsstaatlichkeit, Achtung internationaler Verhaltensstandards sowie Achtung der Menschenrechte). Bei den Kernthemen handelt es sich um:

- Organisationsführung,
- Menschenrechte,
- Arbeitspraktiken,
- Umwelt,
- faire Betriebs- und Geschäftspraktiken,
- Konsumentenanliegen und
- Einbindung und Entwicklung der Gemeinschaft.

Das Kernthema der Organisationsführung nimmt insoweit eine Sonderstellung ein, dass es selbst Kernthema ist und andererseits aber auch Voraussetzung für die anderen sechs Kernthemen. Zu jedem Kernthema führt die ISO 26000 Handlungsfelder an und stellt dazu entsprechende Handlungserwartungen an gesellschaftlich verantwortliche Organisationen auf.

Gemäß den Nutzerhinweisen des Europäischen Büros des Handwerks und der Klein- und Mittelbetriebe für die Normung kann ein KMU aus seinem gesellschaftlich verantwortlichen Verhalten folgenden Nutzen ziehen (22):

- größere Motivation und höhere Produktivität der Mitarbeiter,
- ein besserer Ruf und größeres Vertrauen, was zu mehr Wertschätzung bei Kunden und Lieferanten führt und somit auch zu größerem wirtschaftlichen Erfolg,
- eine bessere Wahrnehmung, denn in einer Gesellschaft öffentlich sichtbar tätig zu werden, erfordert, dass man die Interessen von Kunden, Repräsentanten lokaler Verwaltungen, Banken und anderer wichtiger Vertreter berücksichtigt,
- eine Anerkennung des Engagements, denn gesellschaftliche Verantwortung ist nicht der schnelle Weg zum Geschäftserfolg, sondern eine Investition, die sich eventuell erst längerfristig auszahlt,
- eine größere Anerkennung in der Gesellschaft, denn gesellschaftliche Verantwortung führt dazu, dass ein KMU sich schneller am Bedarf seiner Außenwelt einschließlich der Kunden orientiert.

Beispiele für Anwendungen 4

Warum die DIN EN ISO 14001 häufiger angewendet werden sollte 4.1

Ein Blick auf die Zahl der Zertifizierungen zeigt deutlich das noch vorhandene Potenzial für eine breitere Anwendung eines Umweltmanagementsystems nach der ISO 14001, wobei die internen und externen Kosten einer Zertifizierung bereits ein Hindernis darstellen könnten. Auch wenn die Zertifizierung nur eine von vier möglichen Anwendungen der ISO 14001 darstellt, ist sie ein bedeutender Schritt zur Steigerung der externen Anerkennung, aber auch die Bestätigung einer unabhängigen Organisation zum Zustand des implementierten Umweltmanagementsystems für die Firmenleitung. Trotz der Relevanz der Zertifizierung bleibt als wesentlicher Aspekt aber die Anwendung der Inhalte aus der ISO 14001.

Das häufig zu hörende Argument „die Zertifizierung ist teuer und aufwändig, daher besonders schwierig für kleine und mittelständische Unternehmen (KMU)“ verliert an Glaubwürdigkeit, wenn man sieht, dass beispielsweise 800 Schornsteinfeger in Deutschland sowie viele Bauernhöfe in Italien nach speziellen Normen zertifiziert sind. Trotz zahlreicher Leitfäden zur Anwendung und vieler Projekte zur Unterstützung der Implementierung der ISO 14001 bleibt noch viel zu tun. Nachfolgend ist Material zur Unterstützung dieses Prozesses zusammengestellt.

Vorteile für Unternehmen 4.1.1

Deutliche Hinweise belegen, dass Unternehmen besonders erfolgreich sind, die alle drei Aspekte der Nachhaltigkeit berücksichtigen, also sich nicht nur an ökonomischen Gesichtspunkten orientieren. Außerdem zeigt die Erfahrung, dass die richtige Anwendung eines Umweltmanagementsystems den Rahmen liefert, mit dem nicht nur die ökologischen Aspekte der Nachhaltigkeit wie Umweltschutz, bessere Nutzung von Ressourcen und höhere Effizienz verbessert werden können. Die Herausforderung, in größeren Zusammenhängen zu denken, führt gleichzeitig zu Verbesserungen in anderen wichtigen Bereichen, sicher auch in dem wichtigsten, der Entwicklung von innovativen Produkten. Ohne Innovation kann es keine nachhaltige Entwicklung geben, aber auch keine erfolgreichen Unternehmen. Daher lohnt sich die Investition in die Einführung eines Umweltmanagementsystems. Wie schnell sich diese Investition amortisiert, hängt von verschiedenen Bedingungen ab, z. B.:

- Grad der Umwelt-Herausforderungen gestern, heute und morgen
- Zugang zu Ressourcen (intern und extern)
- Status der bereits existierenden Instrumente (Managementsysteme, Methoden)
- Qualität der Umweltabteilung und deren Einbindung in die Gesamtorganisation
- Erwartungen der Stakeholder bzw. interessierten Parteien
- Gegenwärtiger Status bei der Erfüllung von bindenden Verpflichtungen (gesetzlichen und solchen, zu deren Einhaltung sich die Organisation verpflichtet hat)
- Notwendigkeit zur Verifizierung und Zertifizierung.

4.1.2 Forderungen von Kunden

Häufig will der Kunde von seinem Lieferanten wissen, wie er das Thema Umwelt und die damit verbundenen Umweltaspekte behandelt. Dies kann relativ rasch die Forderung nach der Implementierung eines Umweltmanagementsystems mit anschließender Zertifizierung beinhalten, mindestens jedoch wird die Beantwortung von verschiedenen Fragen gefordert. Ein solcher Fragebogen ist beispielhaft nachfolgend dargestellt:

1. Liegt eine Zertifizierung nach ISO 14001 vor?

   Wenn ja, keine weitere Frage.

   Wenn nein, folgende Fragen:
2. Existieren im Unternehmen Leitlinien für Umweltschutz?
3. Gibt es im Unternehmen eine Abteilung für Umweltschutz?
4. Setzt sich das Unternehmen Ziele zur Verbesserung der Umweltleistung?
5. Gibt es im Unternehmen Handbücher, Verfahrens- oder Arbeitsanweisungen zur Regelung der betrieblichen Abläufe?
6. Wird im Unternehmen regelmäßig ein internes Audit zum Umweltschutz durchgeführt?
7. Sind die Ergebnisse des internen Audits Gegenstand von Managementbewertungen?
8. etc.

Die Fragen können sich über mehrere Seiten fortsetzen. Aus diesem Grund sollte man sich fragen, ob es nicht geschickter ist, gleich ein Umweltmanagementsystem zu implementieren.

Methoden zur Bestimmung der relevanten Umweltaspekte 4.1.3

Die Ermittlung der Umweltaspekte und die Festlegung von deren Relevanz sind zentrale Aufgaben bei der Implementierung eines Umweltmanagementsystems und gleichzeitig – zur Vermeidung von Problemen mit Behörden, Nachbarn oder Eigentümern – auch selbstverständliche Voraussetzung für jeden Betrieb und einen reibungslosen Ablauf.

Veränderungen der Umwelt, ob nachteilig oder vorteilhaft, die ganz oder teilweise von Umweltaspekten herrühren, werden Umweltauswirkungen genannt. Umweltauswirkungen können in lokalem, regionalem und globalem Maßstab auftreten und sie können direkter, indirekter oder kumulativer Natur sein. Die Beziehung zwischen Umweltaspekten und Umweltauswirkungen beruht auf einem Ursache-Wirkungs-Verhältnis.

Bei der Bestimmung von Umweltaspekten berücksichtigt die Organisation den Lebensweg. Das erfordert keine ausführliche Ökobilanz; die sorgfältige Betrachtung der Abschnitte des Lebenswegs, die von der Organisation gesteuert und beeinflusst werden können, ist ausreichend. Zu den typischen Abschnitten des Lebenswegs eines Produkts (oder einer Dienstleistung) zählen Materialbeschaffung, Entwicklung, Produktion, Transport/Lieferung, Nutzung, Behandlung am Ende des Lebenswegs und endgültige Beseitigung. Die zutreffenden Lebenswegabschnitte werden je nach Tätigkeit, Produkt oder Dienstleistung variieren.

Bei der Bestimmung ihrer Umweltaspekte kann die Organisation berücksichtigen:

- Emissionen in die Atmosphäre;
- Ableitungen in Gewässer;
- Verunreinigungen von Böden;
- Verbrauch von Rohstoffen und natürlichen Ressourcen;
- Energieverbrauch;
- Freisetzung von Energie (z. B. in Form von Wärme, Strahlung, Vibration, Lärm, Licht);
- Erzeugung von Abfall und/oder Nebenprodukten;
- Flächenverbrauch.

Berücksichtigung sollten auch solche Umweltaspekte finden, die auf die Tätigkeiten, Produkte und Dienstleistungen der Organisation bezogen sind, wie z. B.:

- Entwicklung ihrer Anlagen, Prozesse, Produkte und Dienstleistungen;
- Beschaffung von Rohstoffen, einschließlich Gewinnung;
- Betriebs- oder Herstellungsprozesse, einschließlich Lagerung;
- Betrieb und Aufrechterhaltung von Anlagen, Vermögenswerte und Infrastruktur;
- Umweltleistung und die Praktiken von externen Anbietern;
- Produkttransport und Erbringung von Dienstleistungen, einschließlich Verpackung;
- Lagerung und Nutzung von Produkten und deren Behandlung am Ende des Lebenswegs;
- Abfallmanagement, einschließlich Wiederverwendung, Wiederaufbereitung, Wiederverwertung und Entsorgung.

Für die Bestimmung der bedeutenden Umweltaspekte gibt es keine spezielle Methode, allerdings sollten die Methode und die verwendeten Kriterien konsistente Ergebnisse liefern. Die Organisation legt die Kriterien für die Bestimmung ihrer bedeutenden Umweltaspekte fest. Umweltkriterien sind hauptsächlich Haupt- und Mindestkriterien für die Beurteilung von Umweltaspekten. Kriterien können den Umweltaspekt betreffen (z.B. Typ, Größe, Häufigkeit) oder die Umweltauswirkung (z.B. Ausmaß, Schwere, Dauer, Exposition). Es dürfen aber auch andere Kriterien verwendet werden. Ein Umweltaspekt ist möglicherweise nicht bedeutend, wenn ausschließlich Umweltkriterien berücksichtigt werden. Er kann allerdings den Grenzwert erreichen oder überschreiten, der für die Bestimmung von bedeutenden Umweltaspekten festgelegt wurde, wenn andere Kriterien berücksichtigt werden. Bei solchen anderen Kriterien kann es sich um organisationsbezogene Themen wie rechtliche Verpflichtungen oder Anliegen interessierter Parteien handeln. Diese anderen Kriterien sind nicht für die Herabstufung eines Aspekts gedacht, der schon auf der Grundlage seiner Umweltauswirkung bedeutend ist.

Ein bedeutender Umweltaspekt kann zu einer oder mehreren bedeutenden Umweltauswirkungen führen und kann demnach Risiken und Chancen beinhalten, mit denen umgegangen werden muss, um sicherzustellen, dass die Organisation die beabsichtigten Ergebnisse ihres Umweltmanagementsystems erreichen kann. Ein chemischer Betrieb nutzt beispielsweise eine automatisierte Methode mit der Excel-Software, bei der auf Basis von Kriterien für Gefährlichkeit und Umwelteinfluss die Einstufung für die Inputs (Energie, Wasser) und Outputs (Abwasser, Abfall, Emissionen in die Luft, Bodenverunreinigung, Lärm) ermittelt wird. Dabei werden die Betrachtungen prozessbezogen durchgeführt. Für die einzelnen Prozessschritte werden die Risiken in die Excel-Tabelle eingetragen. Dann erfolgt die Summierung über die verschiedenen Kriterien für jeden Prozessschritt und anschließend die Berechnung für das Gesamtrisiko. Zusätzlich erfolgt die Berechnung der Signifikanz. Im Ergebnis lassen sich die Prozesse bzw. Teilschritte mit höchster Umweltrelevanz automatisch erkennen und isoliert darstellen.

In einer Universität wurde eine qualitative Methode implementiert, die alle Teile der Organisation in die Ermittlung der relevanten Umweltaspekte einbindet. Hierzu wurde eine Tabelle entwickelt, in der Umweltaspekte beschrieben und Kriterien zur Bewertung eingetragen werden. In die Bewertung einbezogen sind:

- Relevanz (1 = gravierende Umweltauswirkung, 2 = leichte Umweltauswirkung, 3 = mögliche Umweltauswirkung)
- Prüfung auf rechtliche Abweichung (ja/nein)
- Umsetzbarkeit (1 = ohne hohe Kosten, 2 = mit mittleren Kosten, 3 = mit hohen Kosten).

Die von den einzelnen Abteilungen ausgefüllten Tabellen werden dann zentral, zur Ermittlung der relevanten Umweltaspekte und der Festlegung der Maßnahmen, ausgewertet.

Ein weiteres, recht oft verwendetes Verfahren ist die sogenannte ABC/XYZ-Analyse. Dabei werden die Umweltaspekte nach der potenziellen Umweltwirkung (A = große Wirkung, B = mittlere Wirkung, C = geringe Wirkung) und der anfallenden Menge (X = große Menge, Y = mittlere Menge, Z = geringe Menge) priorisiert.

Mit diesen Methoden werden meist nur solche Umweltaspekte ermittelt, die unmittelbar mit dem Betrieb/der Produktion zusammenhängen und direkt beeinflusst werden können. Andere, indirekte Umweltaspekte können aber ebenfalls eine große Rolle spielen und sollten hinsichtlich einer Optimierung in die Überlegungen einbezogen werden. Dabei kann es sich um Aspekte handeln, die sich auf die Lieferkette (Umweltschutz bei Lieferanten, Transport, Lagerung) oder die Auswirkungen von Produkten beziehen. Zur Ermittlung dieser Aspekte können z. B. Ökobilanzen (ISO 14040/14070-Reihe) und DIN-Fachbericht ISO/TR 14062 zur umweltgerechten Produktentwicklung eingesetzt werden. Vergessen werden dürfen hier auch nicht die Rückwirkungen der Umwelt auf den Betrieb selbst, wie beispielsweise durch den Klimawandel.

4.1.4 DIN EN ISO 14001 für alle Organisationen, nicht nur für die Wirtschaft

Die ISO 14001 wendet sich an alle Organisationen. Wenn man die bisherigen Zertifizierungen betrachtet, liegt der Schwerpunkt natürlich bei der Wirtschaft. Neben Behörden haben auch einige Nicht-Regierungsorganisationen die Vorteile eines Umweltmanagementsystems erkannt. Dies wurde am Beispiel des „Forums for the Future"/Großbritannien, des WWF/Schweiz und des WWF/Pakistan beschrieben (23).

Dargestellt werden die Antworten auf folgende drei Fragen:

- Welche konkreten Vorteile haben sich durch die ISO 14001-Zertifizierung ergeben?
- Hat die ISO 14001-Zertifizierung bei der Weiterentwicklung der Umweltziele geholfen?
- Kann aus der Zertifizierung auf ein verändertes Verhalten gegenüber ISO 14001 geschlossen werden?

Die nachfolgende Tabelle gibt einen Überblick über die Antworten, die exemplarisch auch für andere kleine Organisationen und Dienstleister sein können.

	Vorteile durch Zertifizierung	**Weiterentwicklung der Umweltziele**	**verändertes Verhalten zu ISO 14001**
Forum for the Future	Identifizierung von wichtigen Umweltaspekten, Prioritätssetzung, Systematik	Nutzung zur Durchsetzung von Umweltzielen auch bei anderen	Erster Schritt, zukünftig Einbeziehung anderer Aspekte
WWF/Schweiz	Optimierung beim Ressourcenverbrauch, Steigerung des Umweltbewusstseins bei Mitarbeitern	Weitere Verbesserung bei Ressourcenverbrauch, Messung der Umwelteinflüsse der Projekte	Zertifizierung lässt nicht immer auf gutes Umweltverhalten schließen (Fehlen von inhaltlichen Forderungen)
WWF/Pakistan	Wenig direkte Umweltwirkung, Reduktion von Papier- und Energieverbrauch	Forderung an andere zur Zertifizierung wird durch die Zertifizierung der eigenen Organisation unterstützt.	Guter Start, Änderung des Verhaltens durch Wahrnehmung der Verantwortung für Prozesse

Auch Behörden, wie das Umweltbundesamt, unterstützen das Umweltmanagement für eine systematische und effiziente Umweltorientierung in der öffentlichen Verwaltung. Umweltmanagementsysteme schaffen die Voraussetzungen dafür, diese Handlungspotenziale in Behörden und öffentlichen Einrichtungen systematisch, eigenverantwortlich und effektiv zu nutzen. Umweltmanagementsysteme geben über die entsprechenden Steuerungs-, Regelungs- und Kontrollmechanismen einen Rahmen vor, wie die Beachtung von Umweltaspekten in die eigene tägliche Arbeit integriert und der betriebliche Umweltschutz fortlaufend verbessert werden kann. Dabei werden nicht nur die internen Arbeitsabläufe, sondern auch indirekt umweltrelevante Wirkungen des Verwaltungshandelns im Umweltmanagement berücksichtigt.

Vor diesem Hintergrund hat der Deutsche Bundestag mit einem Beschluss vom April 2000 (Drucksache 14/2907) die Bundesregierung aufgefordert, dieses Potenzial zu nutzen und Umweltmanagementsysteme nach EMAS und/oder ISO 14001 in allen größeren Liegenschaften und Organisationseinheiten des Bundes einzuführen.

Das Umweltbundesamt hat seinerzeit – als erste Bundesbehörde – ein Umweltmanagementsystem nach EMAS und ISO 14001 an seinem Hauptsitz erst am Bismarckplatz in Berlin und später nach dem Umzug in Dessau eingeführt. Ferner unterhält es ein Internetangebot „Umweltmanagement in der öffentlichen Hand“ mit konkreten Arbeitsmaterialien, wie erfolgreichen Anwendungs- und Umsetzungsbeispielen aus exemplarischen Behörden.

Was darf man mit der DIN EN ISO 14001 nicht machen? 4.1.5

Nach der Implementierung und Zertifizierung eines Umweltmanagementsystems nach der ISO 14001 will ein Unternehmen natürlich in der internen und besonders der externen Kommunikation auf diesen Erfolg hinweisen. Dabei gilt es, einige Regeln zu beachten:

- Der Hinweis auf die dem Zertifikat zugrunde liegende Norm sollte vollständig sein, also z. B. „DIN EN ISO 14001 (Ausgabe 2015)“ statt „DIN EN ISO 14001“.
- Manchmal wird von einer Zertifizierung nach „ISO 14000“ gesprochen. Das ist möglicherweise als Bezug zur ISO 14000-Serie gemeint, jedoch als Angabe nicht korrekt, da ein Dokument „ISO 14000“ nicht existiert.
- Das ISO-Logo oder eine Abwandlung davon darf weder in Broschüren noch auf Produkten genutzt werden. Gegebenenfalls darf das Logo des Zertifizierers, aber auch nur mit dessen Erlaubnis, eingesetzt werden.
- Der Begriff „ISO-zertifiziert“ ist irreführend, da nicht die Organisation ISO die Zertifizierung durchführt. Korrekt wäre beispielsweise „zertifiziert nach ISO 14001:2015“.

- Die DIN EN ISO 14001-Zertifizierung darf nicht im Zusammenhang mit Produkten verwendet werden, wenn sie den Eindruck erweckt, dass es sich um eine Zertifizierung des Produktes oder eine Garantie für die Einhaltung von bestimmten Spezifikationen handelt. Vielmehr handelt es sich hier speziell um die Zertifizierung des Umweltmanagementsystems.

4.1.6 Kombination von Managementsystemen

In Kapitel 2 wurde bereits auf die Sinnhaftigkeit einer Kombination von Managementsystemen hingewiesen. Eine Ursache für das Nebeneinander von Managementsystemen für Qualität und Umwelt liegt in der historischen Entwicklung. Zunächst wurde die ISO 9000-Serie zum Qualitätsmanagement entwickelt, dem mehr als zehn Jahre später die ISO 14000-Serie zum Umweltmanagement folgte. Daher wurden in vielen Firmen – zum Teil unabhängig voneinander und mit unterschiedlichen Zuständigkeiten – getrennte Managementsysteme implementiert.

Sehr schnell zeigte sich, dass aufgrund der vielen Überlappungen bei generellen Anforderungen wie z. B. zu Politik, PDCA-Zyklus oder Dokumentation durch die Dopplung Ressourcen wenig effizient eingesetzt wurden. Daher kam der Übergang vom Nebeneinander zum Miteinander. Hierzu wird keine Supernorm benötigt, sondern lediglich eine Analyse der Geschäftsprozesse und die Umsetzung in ein kombiniertes Gesamt-Managementsystem. Neben der Einbeziehung von Qualität und Umwelt kann eine schrittweise Implementierung aller bereits existierenden oder neuen Disziplinen (Arbeitsschutz, Risiko, Compliance, etc.) erfolgen, im Übrigen ein wichtiger Beitrag zu dem Ziel Nachhaltigkeit. Auch lassen sich weitere Ressourcen bei der Zertifizierung einsparen, da diese gemeinsam durchgeführt und auf einem Zertifikat bescheinigt werden kann. Ein praktisches Beispiel für ein kombiniertes Managementsystem wird in Kapitel 5 beschrieben.

Ein Managementsystem, das nicht nach den Vorgaben einer Norm entwickelt wird, sondern auf die sorgfältige Analyse der Geschäftsprozesse aufbaut, erfüllt häufig ebenfalls weitgehend die Forderungen der verschiedenen Managementsystemnormen. Für Außenstehende mag dies eine Überraschung sein, aber (gute) Normen sind gelegentlich auch nicht mehr als ‚auf Papier gebrachter gesunder Menschenverstand'. Mit einem gemeinsamen Vorgehen können auch Widerstände im Unternehmen überwunden werden. Häufig wollen Spezialisten ein eigenes Managementsystem für ihren Bereich, weil sie irrtümlicherweise glauben, durch ein kombiniertes Managementsystem ihre Daseinsberechtigung zu verlieren (Umwelt gegen Qualität). Durch die gegenseitige Einbindung in den Gesamtprozess sehen alle Beteiligten den Vorteil des gemeinsamen Rahmens = kombiniertes Managementsystem. Eine solche Kombination entspricht der täglichen Arbeit, bei der auch die diversen Aspekte gleichzeitig – durch Einbeziehung der jeweils benötigten Spezialisten – berücksichtigt werden müssen.

Neben der ‚klassischen' Kombination von Umwelt- und Qualitätsmanagement können – je nach Bedarf der jeweiligen Organisation – weitere Disziplinen hinzukommen, wie z. B. das Sicherheits-, Gesundheits-, Arbeitsschutzmanagement, das Risikomanagement, das Finanzmanagement, das Energiemanagement, das Kundenmanagement, das Personalmanagement, das Lieferantenmanagement, das Informationsmanagement, das Wissensmanagement oder das Innovationsmanagement.

Umweltmanagementsystem und Arbeitsschutz 4.1.7

Auch wenn in der Vergangenheit der Arbeitsschutz häufig nur ein Thema für Sicherheitsfachkräfte war, so sehen inzwischen viele Firmen den Arbeitsschutz neben dem Umweltschutz als weiteren Bestandteil betrieblicher Managementsystemanforderungen an. Dies reflektiert die Forderungen von einschlägigen Kreisen nach Arbeitsschutzmanagementsystemen (AMS) und deren Zertifizierung.

Die wichtigste Norm in diesem Bereich ist bisher die britische Norm OHSAS 18001 (6). Zukünftig wird – nach Abschluss des ISO-Normungsprozesses – dieses Thema in der Norm ISO 45001 aufgehen. Aufgrund der dann identischen Struktur mit der ISO 14001 wird die Kombination dieser beiden Managementsysteme stark erleichtert. Damit können dann auch rechtsnormative Forderungen wie die Gefährdungsermittlung und Festlegungen zu Risikominimierung durch ein AMS abgedeckt und erfüllt werden.

Ein Arbeitsschutzmanagementsystem erfordert

- Arbeitsschutzpolitik
- Gefährdungsermittlung
- Einhaltung bindender Verpflichtungen (gesetzlicher und anderer Anforderungen)
- Ziele, Programme und Maßnahmen
- Interne Audits
- Management-Bewertung.

Wenn man die Bezüge zum Arbeitsschutz ausblendet, ist man bei identischen Forderungen wie bei der ISO 14001. Alles spricht also – auch beim Arbeitsschutz – für eine Kombination der Managementsysteme.

4.1.8 Umweltmanagementsystem und nachhaltige Entwicklung

Während sich die ISO 14000-Serie und insbesondere die ISO 14001 mit Umweltthemen beschäftigt, wird die öffentliche Diskussion vom Thema ‚Nachhaltigkeit/nachhaltige Entwicklung' beherrscht, bei dem neben ökologischen Aspekten auch gleichrangig ökonomische und soziale Aspekte einbezogen werden. In seiner Politik hat das Komitee ISO/TC 207 dies gewürdigt und seine Arbeiten als Baustein auf dem Weg zu Nachhaltigkeit dargestellt. Man kann sicher noch einen Schritt weiter gehen und ein Umweltmanagementsystem als eine Voraussetzung für nachhaltige Entwicklung verstehen. Es macht aber wenig Sinn, über eine Balance der drei Säulen der Nachhaltigkeit nachzudenken, wenn in einem der drei Bereiche noch gravierende Probleme existieren. Beim Erkennen und Beseitigen solcher Probleme im Umweltbereich liegt die Hauptanwendung eines Umweltmanagementsystems. Damit ergibt sich als logische Schlussfolgerung allerdings, dass nach Lösung der Probleme im Umweltbereich für die beiden anderen Bereiche ein isoliertes Umweltmanagementsystem keine weiteren Verbesserungen erzielen kann. Erforderlich wird demzufolge ein „Nachhaltigkeitsmanagement-System", um den Ausgleich zwischen den drei Bereichen betreiben zu können. Dies bedeutet nun wiederum nicht, dass eine Super-Norm entwickelt werden muss, die einen allumfassenden Ansatz beschreibt. Vielmehr ist die schrittweise Zusammenführung aller relevanten Themen in das Gesamt-Managementsystem der Organisation gefordert, wie es in den Kapiteln 4.1.6 und 4.1.7 beschrieben ist.

4.1.9 Häufige Fehler bei der Implementierung eines Managementsystems

Umweltmanagementsysteme bzw. Managementsysteme generell sind in Unternehmen und insbesondere in KMU nicht immer beliebt. Dies basiert zum einen auf Vorurteilen gegenüber Managementsystemen, zum anderen auf häufigen Fehlern bei der Implementierung der Managementsysteme.

Einige der gängigen Vorurteile über Umweltmanagementsysteme sind exemplarisch in den folgenden Aussagen zusammengefasst:

- Leuten, die wissen, worum es bei einem Managementsystem geht, macht es Spaß, sich damit zu beschäftigen. Leider gehören sie oft nicht zur Spitze oder zum Kerngeschäft eines Unternehmens.
- Managementsysteme sind vor allem bürokratisch und verursachen unnötige Kosten.

- Die Verantwortlichen des Managementsystems wollen den Mitarbeitern des Kerngeschäftes Vorschriften machen, was sie zu tun oder zu lassen haben, obwohl sie gar nicht wissen, wie die Firma funktioniert.
- Es wird ein großer Aufwand betrieben, um ein solches Zertifikat aufhängen zu können. Für das tägliche Geschäft bringt das gar nichts.
- Die Audits sind dazu da, die Mitarbeiter zu prüfen und zu kontrollieren.

Solche Aussagen sind auch heute immer noch anzutreffen. Sie resultieren vor allem aus Fehleinschätzungen über die Vorteile, die mit der Einführung eines Managementsystems verbunden sind. Allerdings führen Fehler bei der Implementierung der Managementsysteme auch dazu, dass die Gegner einige der Vorurteile weiter pflegen und für ihre Argumentationslinie nutzen können. Generell ist die Motivation der Mitarbeiter auf allen Ebenen die wichtigste Voraussetzung für den Erfolg aller Tätigkeiten, so auch bei der Anwendung des Managementsystems. Wünschenswert ist deshalb, eine solche Einstellung von Anfang an in der Firma zu erreichen. Ausgesprochen förderlich ist ein positives Signal der obersten Leitung. Dies hilft bei der Überzeugung von Schlüsselpersonen im Sinne der Sache. Einige der Fehler, die man bei der Einführung des Umweltmanagementsystems dringend vermeiden sollte, sind:

- **Fokus auf das Zertifikat:** Natürlich wollen die meisten Organisationen das Umweltmanagementsystem auch über ein Zertifikat dokumentieren. Allerdings verschenken Managementsysteme, die vor allem für das Zertifikat gemacht werden, viel Potenzial. Der Fokus sollte immer auf der optimalen und fortlaufenden Verbesserung der Organisation liegen. Dann kommt das Zertifikat fast ‚von alleine'. Andernfalls entstehen Systeme, die zwar mit einem Zertifikat ausgezeichnet sind, aber nicht gelebt werden und positive Ergebnisse für die Organisation und die Umwelt nicht bewirken können.
- **Bulimie-Systeme:** Organisationen, die sich an ihr Umweltmanagementsystem immer nur dann erinnern, wenn ein internes oder externes Audit ansteht, leiden oft an ‚Bulimie-Systemen'. In diesen Fällen muss mit großem Aufwand und Einsatz kurz vor dem Audit alles an Dokumenten und Inhalten erarbeitet werden, was für das Audit notwendig ist. All dies wird nur während des Audits genutzt und bis zur nächsten ‚Auditattacke' schläft das Umweltmanagementsystem wieder ein. Auch solche Systeme stiften keinen nachhaltigen Mehrwert.

- **Fehlbesetzung des Umweltmanagers:** Erfolgreiche Umweltmanagementsysteme hängen vor allem von der Unternehmenskultur, der Unterstützung der Unternehmensleitung und von der Person des Umweltmanagers oder -koordinators ab. Wenn z.B. eine Führungskraft, die im Kerngeschäft gescheitert ist, als Umweltmanager ‚abgestellt' wird, sendet dies das falsche Signal an die Belegschaft. Auch ‚Besserwisser' und ‚Oberlehrer' sind vorzugsweise dazu geeignet, die Vorurteile gegen Managementsysteme kräftig zu untermauern. Die Kernaufgabe des Umweltmanagers ist es demnach, eine positive, kollegiale, realistisch fordernde, das Kerngeschäft fördernde Wahrnehmung des Managementsystems zu erzielen.
- **Bürokratisierung:** Ein Managementsystem erfordert Dokumentation. Wie in allen anderen Geschäftsbereichen auch gilt es hier, das Erforderliche zu tun und dabei den Aufwand gering zu halten. Ein übermäßig bürokratisches Managementsystem funktioniert nicht, da die überbordende Dokumentation zu viele Ressourcen bindet und die Organisation lahmlegt. Managementsysteme sind nicht primär dazu da, dass die Aktenlage stimmt, sondern dass sich das Unternehmen verbessert. Dies geht durchaus auch mit schlanken Managementsystemen.
- **Managementsystem als Papiertiger:** Managementsysteme müssen die Realität einer Organisation beschreiben, um wirken zu können. Systeme, die die Welt so darstellen, wie sie sein sollte oder es sich der Umweltmanager vorstellt, sind oft zum Scheitern verurteilt. Es gilt vielmehr, die gelebten Abläufe zu erfahren und richtig wiederzugeben und diese dann kontinuierlich unter Einbindung der Betroffenen zu verbessern.

4.1.10 Umweltmanagementsystem und Wettbewerbsfähigkeit

Zahlreiche Veröffentlichungen beschäftigen sich mit dem Zusammenhang zwischen Umweltmanagementsystem und Wettbewerbs- bzw. Innovationsfähigkeit. Hierzu gehören auch Untersuchungen zur Frage, ob Unternehmen mit guten Bewertungen zu Umwelt und Nachhaltigkeit eine bessere Entwicklung (z.B. des Aktienkurses) aufweisen als andere Unternehmen.

So stellt beispielsweise das Zentrum UmweltWirtschaft des Bayerischen Landesamtes für Umwelt folgende Vorteile dar (24):

- **Kosteneinsparungen:** Die Einführung eines Umweltmanagementsystems rechnet sich auch ökonomisch. Bereits durch organisatorische Veränderungen oder geringe Investitionen können Sie Erfolge im betrieblichen Umweltschutz erzielen und Kosten reduzieren. Vor allem die Erhöhung der Material- und Energieeffizienz führt zu finanziellen Einsparungen.

- **Transparenz der Abläufe:** Bei der Einführung eines Umweltmanagementsystems müssen Sie alle umweltrelevanten Bereiche systematisch überprüfen. Durch diese Schwachstellenanalyse verdeutlichen Sie Prozess- und Wirkungszusammenhänge. Gleichzeitig schaffen Sie dadurch die Voraussetzung für eine effiziente Planung und Umsetzung von Umweltschutzmaßnahmen. Ein regelmäßiges Umwelt-Controlling unterstützt diese Planung mit fundierten Zahlen und Fakten.
- **Motivierte Mitarbeiter:** Die Integration der Mitarbeiter sollte über eine reine Information hinausgehen, die Mitarbeiter sollten aktiv in Verbesserungsprozesse einbezogen werden. Zum einen nutzen Sie damit das vorhandene Know-how und können in aller Regel erste Maßnahmen schnell und effizient realisieren. Zum anderen erhöhen Sie dadurch die Identifikation Ihrer Mitarbeiter mit den umweltbezogenen Unternehmenszielen und dem gesamten Unternehmen.
- **Imagegewinn:** Kunden reagieren in aller Regel positiv, wenn sie sehen, dass Unternehmen ihre Verantwortung für die Umwelt wahrnehmen. Wenn sich Unternehmen nach ISO 14001 zertifizieren oder EMAS validieren lassen, können Sie das jeweilige Ergebnis in der Außendarstellung zu Werbezwecken verwenden. Sie signalisieren damit, dass Sie sich für die Umwelt engagieren und verbessern dadurch Ihr Image sowohl in der Öffentlichkeit als auch bei den eigenen Mitarbeitern.
- **Risikominimierung/Rechtssicherheit:** Umweltmanagementsysteme unterstützen dabei, rechtliche Lücken und Gefahrenpotenziale aufzudecken. Dadurch können sowohl Unfälle als auch straf- und ordnungsrechtliche Konsequenzen verhindert werden. Haftungsrisiken werden reduziert.

Internes Audit 4.2

Das interne Audit ist ein wichtiges Instrument bei der Verwirklichung und Weiterentwicklung eines Managementsystems, liefert es doch alle benötigten Informationen für die Beseitigung von Schwachstellen im Unternehmen und für die Verbesserung von Prozessen und – nicht zuletzt – der Unternehmensleistung. In manchen Unternehmen wird das Potenzial des internen Audits nicht ausreichend genutzt, denn viele auditierte Personen empfinden es nur als jährlich wiederkehrende Pflichtübung, die irgendwie erfolgreich überstanden werden muss. Die Antworten auf einige Schlüsselfragen liefern schnell eine erste Einordnung über die Bedeutung des internen Audits im Unternehmen:

- Existiert im Unternehmen ein Auditprogramm?
- Wird das Auditprogramm mit den Führungskräften diskutiert und abgestimmt?
- Sind im Auditprogramm Zielsetzungen berücksichtigt, die über eine Prüfung zur Bewertung des formalen Managementsystems hinausgehen?
- Werden aus der strategischen Planung und den festgelegten Unternehmenszielen Vorgaben für das interne Audit abgeleitet?
- Werden die Ergebnisse des internen Audits im Nachgang mit den Führungskräften eingehend diskutiert?
- Liegt die Verantwortung für die Umsetzung von Korrekturmaßnahmen beim Managementsystembetreuer oder beim Prozessverantwortlichen?

Je nach Beantwortung der Fragen dürfte sich ein Optimierungsbedarf für die zukünftige Gestaltung des internen Audits ergeben. Folgende Voraussetzungen und Empfehlungen sind wichtig für ein erfolgreiches internes Audit:

- Das Audit ist mehr als ein Kontrollinstrument im Sinne eines Soll-Ist-Vergleichs (lateinisch audire = hören). Es ist eine zentrale Plattform für die fortlaufende Verbesserung des Unternehmens.
- Die Unabhängigkeit von der zu auditierenden Einheit und Qualifikation der Auditoren müssen sichergestellt sein. Der Auditor muss Auditaspekte ohne Furcht vor Konsequenzen ansprechen dürfen.
- Unternehmensinterne Auditoren können zwar mitunter zu einem gewissen Grad ‚betriebsblind' sein, finden meist allerdings mehr Optimierungsmöglichkeiten aufgrund ihrer Kenntnis der Betriebsabläufe als ein externer Auditor, der diese erst kennen lernen muss.
- Die Auditierten müssen sich nicht explizit auf das Audit vorbereiten, da ja ‚nur' Abläufe und Themen der täglichen Arbeit ‚geprüft' werden. (Beispiel: Überprüfung von Markierungen für Wege und Lagerflächen – Beim Eintreffen der Auditoren war die kurz zuvor gestrichene gelbe Farbe durch Personen und Gabelstapler überall im Lager verteilt.)

Der Ablauf für ein optimales internes Audit ist nachfolgend skizziert:

- Die oberste Leitung beschließt Durchführung und Inhalt des Audits.
- Das Auditteam wird zusammengestellt.
- Das Auditteam erstellt einen Plan über die detaillierte Durchführung des Audits.

- Ein Termin für die Durchführung des Audits wird zwischen Team und Auditierten festgelegt.
- Zu Beginn des Audits werden in einem kurzen Gespräch Teilnehmer und Inhalte des Audits vorgestellt sowie organisatorische Fragen geklärt.
- Das Audit wird mit Interviews und Rundgang durchgeführt.
- Die Auditergebnisse werden zwischen Auditteam und Auditierten diskutiert. Falls notwendig, werden Maßnahmen vereinbart. Falls dies nicht unmittelbar möglich ist, wird es kurzfristig nachgeholt.
- Das Auditteam erstellt den Auditbericht einschließlich der vereinbarten Maßnahmen und informiert die oberste Leitung über die Ergebnisse.
- Die auditierte Einheit informiert termingerecht über die Umsetzung der vereinbarten Maßnahmen.
- Im nächsten Managementreview werden die Auditergebnisse als Input genutzt.

In Kapitel 3 sind verschiedene Audittypen kurz beschrieben, die sich für ein internes Audit eignen. In der Praxis werden jedoch die meisten Audits in Form eines Systemaudits durchgeführt, mit dessen Hilfe der Zustand eines Managementsystems überprüft wird. Auch Compliance-Audits sind häufig anzutreffen, da sie dem Management ein Gefühl der Sicherheit vor Gesetzesverstößen geben können. Warum werden aber die anderen Audittypen nicht hinreichend eingesetzt?

Antworten hierzu können aus den Erörterungen zu Beginn dieses Kapitels abgeleitet werden. Der Hauptgrund liegt in einer unzureichenden Verankerung des Managementsystems im Unternehmen. Dadurch werden auch die Vorteile des internen Audits nicht erkannt.

Beispiel Prozessaudit: Zunächst erfolgt die Auswahl eines Prozesses, der auditiert werden soll. So könnte dies der Prozess zur Freigabe eines Produkts am Ende der Produktentwicklung sein. Hinreichende Antworten auf die folgenden Fragen sollten gewonnen werden:

- Wie ist die Durchführung des Freigabeprozesses geregelt?
- Welche Funktionseinheiten/Abteilungen sind beteiligt?
- Wie sind die Zuständigkeiten geregelt?
- Was wird geprüft?
- Welche Rechtsvorschriften sind für das Produkt relevant und wie wird deren Einhaltung sichergestellt?
- Wie werden die wichtigen Umweltaspekte identifiziert, die mit der Herstellung und Nutzung des Produkts verbunden sind?

- Wie wird der Kunde über die Umwelteigenschaften des Produkts informiert?
- Wie werden die Ergebnisse der Freigabe dokumentiert?
- etc.

Beispiel Produktaudit: Anhand eines ausgewählten Produktes werden in das Audit die Umweltaspekte auf allen Stufen einbezogen, die das Produkt in dem Unternehmen durchläuft. Zu diesen Stufen gehört natürlich die Produktion, aber ebenfalls wichtig sind beispielsweise das Marketing oder die Produktentwicklung. Die in der Vorbereitung auf das Audit zu erstellende Checkliste könnte beispielsweise folgende Fragen enthalten:

- Wie wird die Umweltverträglichkeit des Produkts abgesichert?
- Wie wird über die Umwelteigenschaften des Produkts informiert?
- Wie wird das Produkt freigegeben und wie sind dabei die Verantwortlichkeiten festgelegt?
- Welche Maßnahmen werden ergriffen, um Emissionen und Abfall in der Produktion zu vermindern?
- Wie werden produktbezogene Rechtsvorschriften umgesetzt?
- etc.

4.3 Umweltleistungsmessung

Die Identifizierung von relevanten Umweltaspekten und die Messung der Umweltleistung stellen für kleine und mittelständische Unternehmen manchmal eine Herausforderung dar, da diese weder über die notwendigen Kenntnisse noch über die benötigten Informationen verfügen. Der EPM-KOMPAS wurde an der Universität Dresden entwickelt, um bei der Lösung dieser Probleme zu helfen. Eine Beschreibung der von Günther und Kaulich entwickelten Methode ist als PAS 1053 (Ausgabe 2005-04) – EPM-Kompas – Eine ökologische Bewertungsmethode für KMU in der Elektrotechnik-, Elektronik- und Maschinenbaubranche beim Beuth Verlag erhältlich (25).

Der EPM-KOMPAS (**E**nviromental **P**erformance **M**easurement) besteht aus einem 8-Stufen-Konzept, mit dem neben der ökologischen Steuerung auch der ökonomische Nutzen einer Maßnahme analysiert wird. Zur Unterstützung des Prozesses wurde eine Software entwickelt, die bei der Universität Dresden, Betriebliche Umweltökonomie, erhältlich ist.

Das gewählte Bewertungsverfahren baut auf den im Unternehmen vorhandenen Daten auf. Dies sind auf der Input-Seite Roh-, Hilfs- und Betriebsstoffe, Sicherheitsdatenblätter sowie der Wasser- und Energieeinsatz. Auf der Output-Seite werden Daten zu Abfall, Abwasser und Luftemissionen (Letztere nur bei Vorliegen einer Emissionserklärung) einbezogen. Als Systemgrenze wird dabei häufig das Unternehmen selbst gewählt. Mit dieser Vorgehensweise wird gewährleistet, dass in jedem Unternehmen diese Methode eingesetzt werden kann. Der EPM-KOMPAS unterstützt dabei beim (26):

- Handhaben von Gefahrstoffen, Abfällen, Emissionen
- Anlegen von Stoff- und Energieströmen (Bilanzen)
- Festlegen von Umweltzielen
- Bewerten von Umweltmaßnahmen
- Generieren von Berichten (für Behörden und andere interessierte Parteien)
- Recherchieren auffälliger Stoff- und Energieströme
- Kontrollieren der Ergebnisse/Erfolge

Neben diesen Funktionen wurde der EPM-KOMPAS mit Freiheitsgraden entwickelt, um offen für individuelle Bedürfnisse zu sein:

- Wählbare Systemgrenzen (Betrieb, Prozess, Produkt)
- Offenheit für andere Bewertungsmethoden
- Unabhängigkeit von Beratungsdienstleistungen
- Entscheidungsunterstützende Software
- Verbesserung und Steuerung von Arbeitsfeldern des Risiko- und Qualitätsmanagements
- Einstiegshilfe und Hilfsmittel zum Ausbau und zur Förderung eines Umweltmanagementsystems
- Anpassbare Berichte und freie Recherchen
- Vergabe individueller Rechte bei der Arbeit mit der Software

Nach der Datenerhebung im ersten Schritt wird eine Bewertung durchgeführt, um die wichtigen Umweltaspekte (Leitparameter) zu identifizieren. Dies kann nach zwei Methoden erfolgen. Eine Möglichkeit ergibt sich durch Befragung von Stakeholdern wie Management, Kunden, Mitarbeitern, Lieferanten oder Nachbarn mit Hilfe von Impulsfragen. Die andere Möglichkeit der Bewertung besteht mit unternehmensinternen Kategorien (Gesundheitsgefahren, Umweltgefahren, Brand- und Explosionsgefahren, Abfall, Energieverbrauch) und übergeordneten Kategorien (Treibhauseffekt, Versauerung, Sommersmog, Ressourcenbeanspruchung), wobei die letztgenannten Kategorien sich an der ISO 14044 orientieren.

Anhand der Leitparameter wird im dritten Schritt eine Ursachenanalyse durchgeführt, mit der die Zusammenhänge bzw. die Ursachen-

Wirkungs-Ketten ermittelt werden können. Nach diesen ersten drei Schritten werden Ziele festgelegt, die in einem vorgegebenen Zeitraum erreicht werden sollen. Zur Ableitung von geeigneten Maßnahmen zur Erreichung der Ziele werden Prozessanalysen durchgeführt. Diese Analyse führt meist zu einer Vielzahl von möglichen Maßnahmen.

Im Schritt 6 wird eine Entscheidung über die konkreten Maßnahmen getroffen unter Berücksichtigung der Ziele, der Machbarkeit und verfügbarer Ressourcen. Mit Hilfe der Software können auch die ökonomischen Auswirkungen der Maßnahmen berechnet werden. Nach der Realisierung der Maßnahmen wird eine Überprüfung der Wirksamkeit und des Erfolgs durchgeführt. Dabei wird mittels der Software die „ökologische Erfolgsspaltung" angewandt, mit der eine Aufspaltung der Differenz (im Vergleich zum Vorjahr oder dem gesetzten Ziel) vorgenommen wird.

Mit dem letzten Schritt wird eine Überprüfung des gesamten Verfahrens vorgenommen, um mit optimierten Handlungsanweisungen den nächsten Zyklus zu starten. Dabei handelt es sich bei diesem Ablauf um eine klassische Anwendung des PDCA-Zyklus, wenn er auch zur Vereinfachung für KMU in acht statt vier Schritte unterteilt ist.

4.4 Umweltkennzeichnung

4.4.1 BMUB/UBA/BDI-Broschüre: Umweltinformationen für Produkte

Das Bundesministerium für Umwelt, Naturschutz, Bau und Reaktorsicherheit (BMUB), das Umweltbundesamt (UBA) und der Bundesverband der Deutschen Industrie (BDI) haben gemeinsam im Jahr 2003 die Broschüre „Umweltinformationen für Produkte und Dienstleistungen – Anforderungen, Instrumente, Beispiele" publiziert und diese in den Jahren 2008 und 2014 umfassend aktualisiert. Die Broschüre ist kostenlos bei den Herausgebern erhältlich, z. B. (27).

Das Ziel dieser Broschüre ist es,

- einen Überblick über Möglichkeiten und Instrumente der produktbezogenen Umweltinformation zu geben,
- den Zusammenhang zwischen produktbezogenen Umweltinformationen einerseits und betrieblichen Instrumenten des Umweltschutzes andererseits aufzuzeigen, vor allem zu Ökobilanzen und Umweltmanagementsystemen,
- die grundsätzlichen Anforderungen zu beschreiben, die vor allem durch die Normung und auch durch rechtliche Regelungen an produktbezogene Umweltinformationen gestellt werden.

Die Broschüre beschreibt in der Einleitung die ständig zunehmenden Erwartungen und Forderungen an Produktinformationen. Daran anschließend werden die ISO-Dokumente zur Umweltkennzeichnung (ISO 14020, ISO 14021, ISO 14024 und ISO 14025), deren Anwendungen und Auswirkungen, aber auch Abgrenzungen gegenüber anderen Kennzeichnungen wie CE, Energie oder Gefahrstoffe ausführlich dargestellt. In der Broschüre werden die drei Typen der ISO-Umweltzeichen wie folgt charakterisiert:

Umweltkennzeichnungen nach der ISO 14024 Typ I wenden sich an private und gewerbliche Verbraucher, weisen eine besondere Umweltqualität aus, sind relevant für die öffentliche Beschaffung, haben eine hohe Glaubwürdigkeit, sind meist sehr bekannt, erfordern eine Drittzertifizierung und beziehen interessierte Parteien ein.

Umweltkennzeichnungen und Umweltdeklarationen nach der ISO 14021 Typ II wenden sich meist an den Verbraucher, konzentrieren sich oft auf einen einzelnen Umweltaspekt, gelten im Grundsatz auch für komplexe Informationen und liegen als freiwillige Selbsterklärung in alleiniger Verantwortung des Herstellers.

Deklarationen nach der ISO 14025 Typ III wenden sich an Hersteller in der Lieferkette, Gewerbe und Handel, weniger an Verbraucher, beruhen auf einer Ökobilanz, liefern umfangreiche quantitative und verifizierte Informationen, stellen Umweltauswirkungen dar, ohne zu werten, sind für alle Produkte und Dienstleistungen geeignet, ermöglichen Datenaggregation entlang einer Wertschöpfungskette und erfordern eine unabhängige Verifizierung durch Dritte.

Weitere Kennzeichnungssysteme, die sich nicht unmittelbar den drei ISO-Typen zuordnen lassen, werden ebenfalls erörtert. Beispiele sind der Öko-Tex-Standard 100 für Textilien oder Bio-Siegel für den ökologischen Landbau. Die Broschüre beschreibt abschließend das Instrument Ökobilanzen sowie die Querbeziehungen zwischen Umweltmanagement und produktbezogener Umweltinformation. Als zentrale Basis für die Kennzeichnung werden die neun Grundsätze der ISO 14020 referenziert:

Grundsatz 1: Korrekte Angaben – Aussagen über Umweltaspekte eines Produkts müssen genau, überprüfbar und zutreffend sein; sie dürfen nicht irreführend sein.

Grundsatz 2: Handelshemmnisse vermeiden – Anforderungen an die Vergabe von Umweltaussagen und Umweltzeichen dürfen keine unnötigen Hemmnisse für den internationalen Handel schaffen.

Grundsatz 3: Nachprüfbare Methoden – Aussagen über Umweltaspekte eines Produkts müssen auf wissenschaftlich nachprüfbaren Methoden basieren, die möglichst weitgehend akzeptiert und zugänglich sind.

Grundsatz 4: Informationen für interessierte Parteien – Im Zusammenhang von Umweltkennzeichnungen müssen Informationen über die angewandten Verfahren, Methoden, Kriterien und Grundannahmen allen interessierten Parteien zugänglich sein.

Grundsatz 5: Lebensweg des Produkts betrachten – Bei der Entwicklung von Umweltaussagen und Umweltzeichen müssen alle Abschnitte des Produkt-Lebenswegs in Betracht gezogen werden. Eine Ökobilanz ist hilfreich, aber nicht erforderlich.

Grundsatz 6: Innovationshemmnisse vermeiden – Umweltkennzeichnungen dürfen kein Hemmnis für Innovationen mit gleicher oder besserer Umweltleistung sein.

Grundsatz 7: Maß halten – Verwaltungsaufwand und Informationsanforderungen bezüglich Umweltaussagen über Produkte müssen auf das erforderliche Maß beschränkt werden.

Grundsatz 8: Offene Beratungen – Das Verfahren zur Entwicklung von Umweltkennzeichnungen muss offene Beratungen mit den interessierten Parteien einschließen (Ausnahme: Kennzeichnung nach ISO Typ II)

Grundsatz 9: Informationen für Käufer – Informationen, die für Umweltaussagen über ein Produkt relevant sind, müssen dem (potenziellen) Käufer eines Produkts zugänglich sein.

Gerade von Seiten des BDI wird ausgeführt, dass produktbezogene Umweltinformationen immer stärker an Bedeutung gewinnen. Sie sind ein wichtiges Element auf dem Weg zur Nachhaltigkeit und für Unternehmen ein bedeutendes Instrument, um Beziehungen zu Kunden, Lieferanten und anderen Akteuren zu verbessern. Durch die positive Kennzeichnung von Produkten und durch das Bereitstellen von qualitativ hochwertigen Informationen können Unternehmen ihre Glaubwürdigkeit erhöhen und die umweltbezogene Eigenverantwortung dokumentieren.

Unternehmen können nach BMUB, UBA und BDI (27) in vielen Bereichen von produktbezogenen Umweltinformationen profitieren:

- bei Anfragen von Verbrauchern,

- um den Informationsbedarf von Großkunden zu befriedigen; zum Beispiel bei Fragen zu Abfall, Energieverbrauch, Inhaltsstoffen wie Lösemitteln oder dem Beitrag zum Klimawandel von Produkten,
- in der Kommunikation mit Handelsunternehmen; sie fordern oftmals Informationen über ökologische Produktaspekte an,
- als solide Basis bei Marketingaktivitäten,
- in Marketing und Vertrieb mit Blick auf die öffentliche Beschaffung des Bundes, der Länder und Kommunen; diese kann sich auf umweltverträgliche Produkte beziehen,
- beim reibungslosen Informationsfluss innerhalb der Lieferkette,
- aus Gründen der Rechtssicherheit werden Lieferanten immer detaillierter nach Umweltaspekten von Produkten, Bauteilen und Materialien gefragt,
- um dem Informationsbedarf staatlicher Stellen zu entsprechen,
- um den Informationsbedarf von Nicht-Regierungsorganisationen besser zu befriedigen.

4.4.2 Der Blaue Engel

Die Norm ISO 14024 beschreibt ein vom Hersteller unabhängiges Programm zur Produktkennzeichnung auf der Basis bestimmter Kriterien, die sogenannte Typ I-Kennzeichnung. Ältester und bekanntester Vertreter ist der Blaue Engel. Das Umweltzeichen wurde 1978 auf Initiative des Bundesministers des Inneren und durch den Beschluss der Umweltminister der Länder ins Leben gerufen. Seitdem ist der Blaue Engel ein marktbasiertes, freiwilliges Instrument der Umweltpolitik.

Der Blaue Engel wird von vier Institutionen getragen. Das Bundesministerium für Umwelt, Naturschutz, Bau und Reaktorsicherheit ist Zeicheninhaber und informiert regelmäßig über die Entscheidungen der Jury Umweltzeichen. Das Umweltbundesamt fungiert mit dem Fachgebiet „Ökodesign, Umweltkennzeichnung, Umweltfreundliche Beschaffung“ als Geschäftsstelle der Jury Umweltzeichen und entwickelt die fachlichen Kriterien der Vergabegrundlagen des Blauen Engels. Die Jury Umweltzeichen ist das unabhängige Beschlussgremium des Blauen Engels mit Vertretern aus Umwelt- und Verbraucherverbänden, Gewerkschaften, Industrie, Handel, Handwerk, Kommunen, Wissenschaft, Medien, Kirchen, Jugend und Bundesländern. Die RAL gGmbH ist die Zeichenvergabestelle. Sie organisiert im Prozess der Entwicklung von Kriterien die unabhängigen Expertenanhörungen, d. h. die Einbindung der interessierten Parteien.

Der wissenschaftliche, ganzheitliche Ansatz sowie eine Unabhängigkeit durch die breite Beteiligung der verschiedenen Fachdisziplinen und der Jury Umweltzeichen legen den Grundstein für das Vertrauen, welches ihm die Verbraucherinnen und Verbraucher entgegenbringen. Die Standards des Blauen Engels sind eine klare Orientierung für Hersteller und Handelsunternehmen, wenn sie die Umweltbilanz ihrer Produkte und Dienstleistungen verbessern wollen. Verbraucherinnen und Verbraucher können sich bei ihrer Kaufentscheidung am Blauen Engel orientieren und sich bewusst für die bessere, umweltverträglichere Alternative entscheiden.

Ziel ist die Förderung von Produkten mit besseren Umwelteigenschaften. Der Blaue Engel ist bei Verbraucherinnen und Verbrauchern zu einer bekannten Marke mit hohem Orientierungswert geworden: 92 Prozent der Befragten ist dieses Zeichen derzeit bekannt. 37 Prozent der Befragten erklären, beim Einkaufen auf Produkte mit dem ‚Blauen Engel' zu achten. Derzeit haben rund 1 500 Unternehmen einen Vertrag über die Nutzung des Blauen Engels geschlossen. Davon sind rund 20 Prozent ausländische Anbieter. Insgesamt sind ca. 12 000 Produkte mit dem Blauen Engel gekennzeichnet (28).

Seit 2009 ist es noch einfacher geworden, beim Kauf eines mit dem Blauen Engel gekennzeichneten Produkts dessen positiven Beitrag für Umwelt und Gesundheit zu erkennen. Dafür wurde das bekannte produktbezogene Logo dahingehend erweitert, dass mit einem expliziten Hinweis jeweils das zentrale Schutzziel genannt wird. So ist ein klimaverträgliches Produkt leicht an dem Schriftzug „schützt das Klima" zu erkennen. Weitere Schwerpunktthemen sind „schützt die Gesundheit", „schützt das Wasser" oder „schützt die Ressourcen" (siehe Bild 20).

Der Blaue Engel wird vergeben vom Deutschen Institut für Gütesicherung und Kennzeichnung e. V. (RAL). Im ersten Schritt wird geprüft, ob für das zu kennzeichnende Produkt eine Vergabegrundlage existiert. Im positiven Fall wird ein Antrag gestellt. RAL und Umweltbundesamt prüfen, ob die Kriterien vom Produkt erfüllt werden. Ist dies gegeben, wird ein Lizenzvertrag zur Nutzung des Blauen Engels abgeschlossen. Die Kosten dafür sind keineswegs prohibitiv hoch. Bei der Beantragung des Blauen Engels erhebt die Zeichenvergabestelle RAL gGmbH eine einmalige Bearbeitungsgebühr von 250 Euro (zzgl. Umsatzsteuer). Nach Abschluss eines Zeichennutzungsvertrages ist an RAL ein gestaffeltes Jahresentgelt zu leisten. Dessen Höhe richtet sich in sieben Entgeltklassen nach dem jährlichen Gesamtumsatz aller mit dem jeweiligen Umweltzeichen gekennzeichneten Produkte oder Dienstleistungen innerhalb einer Vergabegruppe. Aktuell beträgt diese Gebühr beispielsweise für einen Umsatz bis zu einer Million Euro gerade einmal 540 Euro pro Jahr. In der höchsten Entgeltklasse für Umsätze über 25 Millionen Euro werden 6 000 Euro fällig (28).

Bild 20: Schwerpunktthemen des Blauen Engels

Falls für eine Produktgruppe noch keine Vergabegrundlage existiert, kann ein Vorschlag zur Erarbeitung einer Vergabegrundlage gemacht werden. Die unabhängige „Jury Umweltzeichen" beschließt nach einer Stellungnahme des Umweltbundesamtes (UBA) über diesen Antrag. Falls dem Antrag entsprochen wird, entwickelt das UBA Vorschläge für die Vergabegrundlage, zu denen das RAL Anhörungen mit Experten von allen interessierten Parteien organisiert. Auf Basis von Empfehlungen verabschiedet die „Jury Umweltzeichen" die Vergabegrundlage für die gewünschte Produktgruppe, die dann vom Umweltministerium veröffentlicht wird.

Als Beispiel für eine Erfolgsgeschichte wird hier exemplarisch das Umweltzeichen für schadstoffarme Lacke angeführt (29): „Um das Jahr 1980 tauchten sie in Deutschland zum ersten Mal auf: Acryllacke auf der Basis wasserlöslicher Inhaltsstoffe für den Einsatz am Bau. Solche Lacke können seit 1981 das ‚Blaue Engel-Zeichen' tragen mit dem Zusatz ‚umweltfreundlich, weil schadstoffarm'. Das Umweltzeichen für schadstoffarme Lacke hat sich in seiner langen Laufzeit bestens bewährt. Als Folge eines ständig verbesserten Qualitätsprofils wurden die ausgezeichneten Produkte seitdem zunehmend beliebter. Die hierzulande produzierten wasserverdünnbaren Dispersionslacke – die meisten tragen den Blauen Engel – stiegen von 13 000 Tonnen im Jahre 1985 auf ca. 92 000 Tonnen im Jahr 2006. Etwa 70 Prozent der wasserverdünnbaren Baulacke werden von Heimwerkern verarbeitet. Nach dem Erfolg bei Heimwerkern gelingt es nun zunehmend, die Attraktivität der ausgezeichneten Produkte auch für den Bereich der professionellen Verarbeitung zu steigern."

Eine weitere sehr erfolgreiche Produktgruppe ist Recyclingpapier mit rund 700 Zeichennutzungsverträgen. Die entsprechende Vergabegrundlage RAL-UZ 14 gilt für Recyclingpapiere für den grafischen Bereich gemäß der Sortenstatistik „Büro- und Administrationspapiere“ und der Sortenstatistik „Druck- und Pressepapiere“ des Verbandes Deutscher Papierfabriken e.V. sowie für sogenannte Fertigerzeugnisse aus Recyclingpapier der Produktlinien Schulhefte, Blöcke, Malbücher, Kalender, Briefumschläge, Versandtaschen, Poster, Fotoarbeitstaschen, Abdeckpapiere (z.B. für den Einsatz bei Maler- und Lackierarbeiten) oder Druck- und Presseerzeugnisse (z.B. Telefonbücher).

Ein wesentliches Kriterium für Produkte und Erzeugnisse ist, dass sie zu 100 Prozent aus Altpapier bestehen müssen. Für die Fertigprodukte ist eine Toleranz von fünf Prozent zulässig. Weitere Anforderungen beziehen sich auf verwendete oder enthaltene Stoffe. So dürfen beispielsweise optische Aufheller nicht eingesetzt werden. Als Farbmittel dürfen keine Azofarbstoffe oder Pigmente eingesetzt werden, die eines der in der Richtlinie 2002/61/EWG oder in der TRGS 6143 genannten Amine abspalten können. Es dürfen keine Farbmittel (Pigmente oder Farbstoffe) eingesetzt werden, die Quecksilber-, Blei-, Cadmium- oder Chrom VI-Verbindungen als konstitutionelle Bestandteile enthalten. Bei der Aufbereitung der Altpapiere muss auf Chlor, halogenierte Bleichchemikalien und biologisch schwer abbaubare Komplexbildner wie z.B. Ethylendiamintetraacetat (EDTA) und Diethylentriaminpentaacetat (DTPA) vollständig verzichtet werden. Neben diesen und weiteren Umweltanforderungen muss auch die Gebrauchstauglichkeit der Produkte gewährleistet sein. Dafür sind die technischen Anforderungen an einzelne Produkte in DIN-Normen geregelt, deren Einhaltung bestätigt werden muss.

Neben diesen klassischen Produktgruppen gibt es heute Vergabegrundlagen und Blaue Engel für eine Vielzahl von Produkten. Gerade zur Etablierung des Blauen Engels als deutsches Klimaschutzzeichen wurden Vergabegrundlagen für rund 60 Produktgruppen erarbeitet, die besonders klimarelevant sind. Dazu gehören beispielsweise emissionsarme und energiesparende Gas-Brennwertgeräte, Sonnenkollektoren, Computer, Monitore, Car Sharing, Holzpellet-Öfen, solarbetriebene Produkte, energiesparende Wärmepumpen, energiesparende Warmwasserspeicher, Wasserkocher, Kaffeemaschinen, Waschmaschinen, Kühl- und Gefriergeräte, Wärmedämmverbundsysteme, elektrische Backöfen, Fernsehgeräte, Voice over IP-Telefone, Lampen oder auch der energieeffiziente Rechenzentrumsbetrieb und Energiedienstleistungen mit Energiespar-Garantie-Verträgen.

Beispiele für eine Typ II-Kennzeichnung 4.4.3

Typ II-Kennzeichnungen finden Anwendung für Werbeaussagen und Informationen, die die Industrie an ihre Kunden gibt. Dabei existiert ein breites Spektrum an Typ II-Kennzeichnungen. Das in Bild 21 dargestellte Beispiel zeigt die relevanten Verpackungstexte für ein Waschhilfsmittel (3):

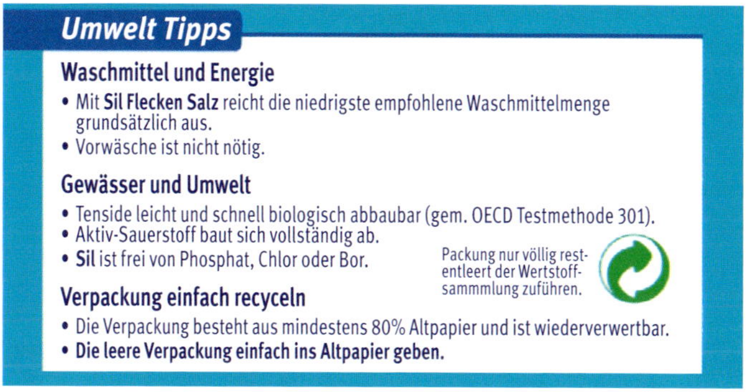

Bild 21: Beispiel Typ II-Label

Viele der aktuellen Carbon Footprint-Labels sind Typ II-Zeichen, auch wenn sie in Bild 22 zumindest teilweise ‚optisch' wie ein Typ I-Zeichen aussehen (30) (31) (32):

Bild 22: Beispiele für Carbon Footprint-Labels

Ein Beispiel für eine EPD: Kupferrohre der Wieland AG 4.4.4

Umweltdeklarationen nach der ISO 14025 haben erst in den letzten Jahren an Bedeutung gewonnen. Waren zunächst die skandinavischen Länder die Vorreiter, finden sich nun Anwendungen auch in vielen anderen Ländern wie z. B. Korea, Japan oder Kanada, bisher jedoch nur wenige in Deutschland. Inzwischen wurden sehr interessante Aktivitäten (auch im europäischen Kontext) in der Baubranche gestartet. Als Beispiel für eine deutschsprachige EPD (environmental product declaration) ist im Folgenden die Kurzfassung der Umwelt-Produkterklärung der Wieland-Werke AG von Kupferrohren für die Haustechnik dargestellt (33).

	**Kurzfassung** **Umwelt-Produktdeklaration** ***Environmental Product-Declaration***
Institut Bauen und Umwelt e.V. www.bau-umwelt.de Institut Bauen und Umwelt e.V.	**Programmhalter**
Wieland-Werke AG Graf-Arco-Straße 36 D-89079 Ulm Wieland Metall ist unsere Welt	**Deklarationsinhaber**
EPD-WIE-2011113-D	**Deklarationsnummer**
Blanke / Verzinnte Markenkupferrohre für die Haustechnik Diese Deklaration ist eine Umweltproduktdeklaration gemäß ISO 14025 und beschreibt die Umweltleistung der hier genannten Bauprodukte. Sie soll die Entwicklung des umwelt- und gesundheitsverträglichen Bauens fördern. In dieser validierten Deklaration werden alle relevanten Umweltdaten offen gelegt. Die Deklaration beruht auf dem PCR Dokument ‚Metall-Installationsrohre', Bezugsjahr 2011-03	**Deklarierte Bauprodukte**
Diese validierte Deklaration berechtigt zum Führen des Zeichens der Instituts Bauen und Umwelt e.V. Es gilt ausschließlich für die genannten Produkte, drei Jahre vom Ausstellungsdatum an. Der Deklarationsinhaber haftet für die zugrunde liegenden Angaben und Nachweise.	**Gültigkeit**
Die **Deklaration** ist vollständig und enthält in ausführlicher Form: - Produktdefinition und bauphysikalische Angaben - Angaben zu Grundstoffen und Stoffherkunft - Beschreibungen zur Produktherstellung - Hinweise zur Produktverarbeitung - Angaben zum Nutzungszustand, außergewöhnlichen Einwirkungen und Nachnutzungsphase - Ökobilanzergebnisse - Nachweise und Prüfungen	**Inhalt der Deklaration**

14. März 2011		**Ausstellungsdatum**
Bossenmayer Prof. Dr.-Ing. Horst J. Bossenmayer (Präsident des Instituts Bauen und Umwelt e.V.)		**Unterschriften**

Diese Deklaration und die zugrundegelegten Regeln wurden gemäß ISO 14025 durch den unabhängigen Sachverständigenausschuss (SVA) geprüft.		**Prüfung der Deklaration**
Prof. Dr.-Ing. Hans-Wolf Reinhardt (Vorsitzender des SVA)	Dr. Frank Werner (Prüfer vom SVA bestellt)	**Unterschriften**

Kurzfassung

Umwelt-Produktdeklaration

Environmental Product-Declaration

Produktbeschreibung

Dieses Dokument bezieht sich auf blanke Wieland-Markenkupferrohre für die Haustechnik sowie auf innenverzinnte Wieland-Markenkupferrohre.

Für die Herstellung von Installationsrohren wird bei Wieland Kupfer der sauerstofffreien Qualität Cu-DHP nach DIN EN1057 eingesetzt. Bei Cu-DHP handelt es sich um desoxidiertes Reinkupfer mit definiertem Phosphorgehalt (maximal 0,04 %), welches sich durch eine hervorragende Schweiß- und Lötbarkeit auszeichnet. Der Reinheitsgrad beträgt mindestens 99,90 % Kupfer.

Folgende Produkte werden von Wieland angeboten:

SANCO®	blankes Kupferrohr für die universelle Anwendung
cuprotherm® blank	blankes Kupferrohr für die Flächenheizung mit Gussasphalt
COPATIN®	innenverzinntes Kupferrohr
cuprofrio®	blankes Kupferrohr für die Kälte- / Klimatechnik
cupromed®	blankes Kupferrohr für die medizinische Gasversorgung

Anwendungsbereich

Die Einsatzzwecke der deklarierten Markenkupferrohre sind:

Transporte von
- Trinkwasser warm, kalta, Regenwasser
- Gas (Brenngase, Druckluft), Flüssiggas
- Öl, Kältemittel
- Wärmeträger in Heizungen und Solarthermie
- Medizinische Gase und Laborgase

Rahmen der Ökobilanz

Die **Ökobilanz** wurde nach DIN ISO 14040 ff. entsprechend den Anforderungen des IBU-Leitfadens zu Typ-III-Deklarationen durchgeführt. Als Datenbasis wurden spezifische Daten aus allen Herstellwerken der untersuchten Produkte, des Deutschen Kupfer Institutes sowie Daten aus der Datenbank „GaBi 4" herangezogen. Die Ökobilanz umfasst die Rohstoff- und Energiegewinnung, Rohstofftransporte, die eigentliche Herstellungsphase inkl. Herstellung und Verwertung der Verpackungen sowie die Entsorgung bzw. das Recycling der Rohre.

Ergebnisse der Ökobilanz

Kupferrohre							
Auswertegröße	**Einheit pro kg**	**Blank**			**Verzinnt**		
		Herstellung	**End of Life**	**Summe**	**Herstellung**	**End of Life**	**Summe**
Primärenergie nicht erneuerbar	[MJ]	28,34	-9,23	**19,11**	54,61	-9,14	**45,47**
Primärenergie erneuerbar	[MJ]	2,25	-0,88	**1,37**	2,79	-0,88	**1,91**
Treibhauspotenzial (GWP)	[kg CO_2-Äqv.]	2,21	-0,85	**1,36**	3,83	-0,84	**2,99**
Ozonabbaupotenzial (ODP)	[kg R11-Äqv.]	$1{,}3 \cdot 10^{-7}$	$-2{,}4 \cdot 10^{-8}$	$\mathbf{1{,}1 \cdot 10^{-7}}$	$2{,}4 \cdot 10^{-7}$	$-2{,}4 \cdot 10^{-8}$	$\mathbf{2{,}2 \cdot 10^{-7}}$
Versauerungspotenzial (AP)	[kg SO_2-Äqv.]	$1{,}2 \cdot 10^{-2}$	$-6{,}1 \cdot 10^{-3}$	$\mathbf{5{,}9 \cdot 10^{-3}}$	$1{,}4 \cdot 10^{-2}$	$-6{,}1 \cdot 10^{-3}$	$\mathbf{7{,}9 \cdot 10^{-3}}$
Eutrophierungspotenzial (EP)	[kg PO_4-Äqv.]	$7{,}6 \cdot 10^{-4}$	$-3{,}7 \cdot 10^{-4}$	$\mathbf{3{,}9 \cdot 10^{-4}}$	$9{,}7 \cdot 10^{-4}$	$-3{,}7 \cdot 10^{-4}$	$\mathbf{6{,}0 \cdot 10^{-4}}$
Sommersmogpotenzial (POCP)	[kg Ethen-Äqv.]	$7{,}5 \cdot 10^{-4}$	$-3{,}6 \cdot 10^{-4}$	$\mathbf{3{,}9 \cdot 10^{-4}}$	$9{,}3 \cdot 10^{-4}$	$-3{,}6 \cdot 10^{-4}$	$\mathbf{5{,}7 \cdot 10^{-4}}$

Erstellt durch: Wieland-Werke AG, Ulm

in Zusammenarbeit mit PE International, Leinfelden-Echterdingen

Nachweise und Prüfungen

Bei bestimmungsgemäßer Benutzung der Markenkupferrohre für die Haustechnik sind keine Nachweise erforderlich

Bild 23: Beispiel einer EPD für Kupferrohre (33)

4.5 Ökobilanzen

Ökobilanzen haben in den letzten Jahren stark an Bedeutung gewonnen. Sie sind heute nicht nur etablierter Bestandteil des Umweltmanagement-Instrumentariums von Unternehmen, sondern auch auf politischer Ebene als die Methode anerkannt, um Umweltverträglichkeit so objektiv wie möglich zu bewerten.

Über viele Jahre hatten Ökobilanzen kein gutes Image. Es hieß, die Ökobilanz sei ein kompliziertes Instrument, problematisch wegen der schwierigen Datenbeschaffung, zu teuer, nur etwas für Spezialisten und die Ergebnisse werden von den Interessen der Auftraggeber bestimmt.

Heute wird die Notwendigkeit zur Einbeziehung des gesamten Lebenswegs gesehen und Ökobilanzen bilden die Basis einer ganzen Reihe von abgeleiteten Methoden. Dies beginnt mit den vereinfachten, auf einen einzigen Umweltaspekt ausgerichteten Methoden wie dem Carbon Footprint (Treibhausgasbilanz) (34) oder dem Water Footprint (35). Auf der anderen Seite werden heute auch weitere Nachhaltigkeitsdimensionen lebenswegorientiert betrachtet. Ausgehend von der breiten Akzeptanz einer lebensweg- und systemorientierten Bewertung gelangt man unmittelbar zu folgendem Entwurf für die lebenszyklusbasierte Nachhaltigkeitsbewertung von Produkten (LCSA: Life Cycle Sustainability Assessment) (36):

$$LCSA = LCA + LCC + SLCA$$

Die konzeptionell aufzufassende Gleichung berücksichtigt die umweltbezogene Ökobilanz (LCA: Life Cycle Assessment), die lebenswegbezogene Kostenrechnung (LCC: Life Cycle Costing) und die soziale Lebenswegbetrachtung (SLCA: Social Life Cycle Assessment). Durch diese Berechnungsgrundlage ist es möglich, die drei Bereiche der Nachhaltigkeit gemeinsam zu betrachten.

Das dem Beitrag eines der Ko-Autoren für den TÜV-Umweltmanagementberater entnommene Bild 24 zeigt dies in Analogie zur Bedürfnispyramide nach Maslow (37).

Life Cycle Thinking ist ein noch qualitatives Konzept, den gesamten Lebensweg von Produkten oder Prozessen zu betrachten. Es zielt darauf ab, Problemverlagerungen zwischen einzelnen Phasen des Lebenswegs oder zwischen verschiedenen Umweltauswirkungen zu vermeiden. Auf der nächsten Stufe der Pyramide beginnen bereits die quantitativen Methoden, zunächst mit den auf einzelne Umweltaspekte beschränkten Ansätzen des Carbon Footprint und des Water Footprint. Die Mitte wird von der vorgenannten näher ausgeführten Methode der Ökobilanz eingenommen. Ökobilanzen haben das Prin-

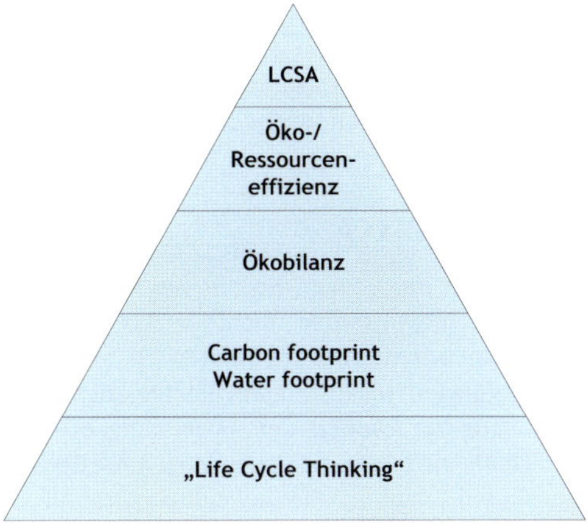

Bild 24: Maslow'sche Bedürfnispyramide der Umwelt- und Nachhaltigkeitsbewertung (37)

zip der Ganzheitlichkeit, d. h., es wird angestrebt, alle Umweltauswirkungen zu berücksichtigen – nicht nur eine (37).

Auf der nächsten Stufe der Pyramide wird der rein ökologische Fokus verlassen und ökonomische Aspekte kommen zusätzlich ins Spiel. Sowohl Ressourceneffizienz- als auch Ökoeffizienzanalysen kombinieren ökologische und ökonomische Indikatoren. An der Spitze der Pyramide wird dann die letzte fehlende Nachhaltigkeitsdimension – die Sozialverträglichkeit – ergänzt, womit man eine vollständige, lebenswegorientierte Nachhaltigkeitsbewertung darstellen kann (37).

Die auf die Umwelt- und Nachhaltigkeitsbewertung adaptierte Maslow'sche Bedürfnispyramide sollte analog dem für die menschlichen Bedürfnisse entwickelten Original interpretiert werden. Demnach bedeuten die verschiedenen, aufeinander liegenden Stufen keine Reihenfolge dahingehend, welches Werkzeug besser oder schlechter ist als ein anderes. Die Stufen repräsentieren vielmehr unterschiedliche Qualitäts- und Anspruchsniveaus. Sie können deshalb zur Ableitung von Implementierungspfaden genutzt werden. Wenn einzelne Organisationen oder Anspruchsgruppen gerade erst begonnen haben, Umweltaspekte in ihre Entscheidungen zu integrieren, kann Life Cycle Thinking als geeigneter Ausgangspunkt dienen.

Wenn der Klimawandel in bestimmten Teilen der Welt als das zentrale Umweltproblem wahrgenommen wird, aber Wasserknappheit dafür in anderen Regionen, kann es zielführend sein, mit den entsprechenden Einzelaspektmethoden zu beginnen. Hat man diese

Stufe bearbeitet, können die Ansätze und Ergebnisse in eine umfassendere Umweltbewertung im Sinne einer Ökobilanz weiterentwickelt werden. Hat man auch dies in der Organisation implementiert, können noch die weiteren Nachhaltigkeitsdimensionen hinzugenommen werden (37).

4.5.1 Von (Managementsystem und) LCA zu Life Cycle Management

Ökobilanzen hatten bis vor einigen Jahren noch den Ruf, ein sehr komplexes und akademisch orientiertes Instrument zu sein. Die in der Fachwelt gerne geführten Diskussionen um die ‚richtigen' Methoden hatten den Bezug zur Realität der Anwendung oftmals verloren. Deshalb hat sich um die Jahrtausendwende eine Art Gegenbewegung gegründet, die vor allem auf die anwendungsorientierte Weiterentwicklung des Ökobilanzansatzes bedacht war. Life Cycle Management oder kurz LCM ist der dafür eingeführte Begriff. LCM bedeutet zum einen die Anwendung von LCA für reale Entscheidungsunterstützung in Organisationen und zum anderen einen integrierten Ansatz, mit dem Produktion und Produkte unter Berücksichtigung des Lebenswegs optimiert werden. Zum LCM gehört deshalb auch explizit die Verbindung von organisationsbezogenen Methoden und Werkzeugen, wie z. B. den Umweltmanagementsystemen oder der Umweltleistungsmessung, mit produktbezogenen Instrumenten, wie z. B. der Ökobilanz oder die Umweltkennzeichnung (38).

LCM ist damit keine bestimmte Methode, sondern besteht vielmehr aus einem Werkzeugkasten mit verschiedenen Instrumenten, wobei als zentrales Element immer die Betrachtung des Gesamtsystems bzw. des Lebenszyklus gegeben sein muss. Heute ist LCM etabliert und auch in der ‚reinen' Ökobilanz-Gemeinschaft akzeptiert. Dies wird neben vielem anderen durch die Einführung eines LCM-Programmes im Rahmen der UNEP/SETAC Life Cycle Initiative (11), die Einführung eines LCM-Abschnitts im einschlägigen International Journal of Life Cycle Assessment und die sehr erfolgreiche LCM-Konferenzserie belegt.

Die durch einen der Ko-Autoren des Buches geleitete LCM-Konferenz 2011 in Berlin wurde gemeinsam von der TU Berlin und der Volkswagen AG veranstaltet (39). Mit 530 Teilnehmern aus 47 Ländern war dies die bis dahin größte Konferenz zu angewandten Lebenszyklusmethoden. Über 50 Prozent der Teilnehmer waren Anwender aus Unternehmen und öffentlichen Einrichtungen. Es wurden 416 Beiträge eingereicht, von denen 180 als Vorträge und 144 als Poster angenommen wurden. Mehr als 1 100 Autoren aus fast 50 Ländern haben dazu beigetragen. Die Weiterentwicklung des rein umweltorientierten Ansatzes zu einem umfassenderen Nachhaltigkeitsmanagement wird durch das Konferenzmotto ‚Towards Life Cycle Sustainability Management' und das gleichnamige Buch zur Konferenz dokumentiert (40). Die zur Herausgabe dieser Auflage letzte LCM-Konferenz fand 2015 in Bordeaux statt. Der dort erreichte, neue Teilnahmerekord von über 660 Teilnehmern zeigt die Stabilisierung des Trends.

Ökobilanzen im System Waschen 4.5.2

Zum System „Waschen" von Kleidung sind zahlreiche Ökobilanzen durchgeführt worden, die in diesem Kapitel auszugsweise und beispielhaft zur Darstellung der Möglichkeiten und Grenzen von Ökobilanzen genutzt werden sollen.

Zu den ersten Schritten einer Ökobilanz gehört die Festlegung der Systemgrenzen. Das System Waschen ist eigentlich nur ein Teilsystem aus dem größeren System, das die Herstellung der Faser und der Kleidung bis zum Abfallmanagement beinhaltet. Waschen kann als Recycling-Prozess verstanden werden, der für die wiederholte Nutzung der Kleidung sorgt. Im Folgenden soll also nur dieser Teilprozess betrachtet werden.

Die Festlegung der Systemgrenze hat nicht nur Auswirkungen auf die Komplexität einer Ökobilanz, sondern kann auch deren Ergebnis stark beeinflussen. Ein Beispiel aus der Herstellung des Tensids Fettalkoholsulfat (FAS), eines wichtigen Waschmittelinhaltsstoffs, soll dies belegen. Das betrachtete Tensid wird aus Palmöl hergestellt. Palmöl wird in Palmölmühlen aus den Früchten der Ölpalme erhalten. Die für diesen Prozess benötigte Energie kann nun von externen Quellen zugeführt werden oder durch Verbrennung von Nebenprodukten der Ölpalme (z.B. Fasern) innerhalb des betrachteten Systems generiert werden. Die Auswirkungen auf die Ergebnisse für diese beiden Betrachtungen wären beispielsweise, dass der Primärenergiebedarf bei rein externer Energiebereitstellung rund 10 MJ/kg FAS höher ausfällt, als wenn Nebenprodukte intern energetisch verwertet werden.

Der Unterschied zwischen den beiden Betrachtungen würde noch größer werden unter Berücksichtigung einer Gutschrift für einen möglichen Überschuss an Energie durch die Verbrennung von weiteren Nebenprodukten. Um das Ergebnis nachvollziehbar zu machen, gibt die Norm generelle Regeln zur Definition der Systemgrenzen vor, fordert aber besonders eine transparente Darstellung des untersuchten Systems.

Neben der Systemgrenze hat die Festlegung des Ziels der Ökobilanz erhebliche Auswirkungen. Soll eine repräsentative Studie zu einem System für Deutschland durchgeführt werden oder will man nur die wichtigsten Lebenswegabschnitte identifizieren? Diese unterschiedlichen Ziele haben naturgemäß erhebliche Konsequenzen für die Durchführung der Ökobilanzstudie, z. B. unterschiedliche Qualitätskriterien wie Datengenauigkeit oder Detaillierungsgrad.

Eine weitere Hürde kann die Festlegung der funktionellen Einheit sein. Dies ist diejenige Größe, auf die die Ergebnisse der Ökobilanz bezogen werden. Bei der Untersuchung von Waschmitteln könnte als funktionelle Einheit ‚kg Waschmittel' oder ‚kg gereinigte Wäsche' gewählt werden. Je nach Entscheidung werden unterschiedliche Ergebnisse erzielt, wie die Beispiele für den Vergleich von Normal- und Kompakt-Waschmittel zeigen. Um den Vergleich zu erleichtern, ist das jeweils bessere Ergebnis für die einzelnen Datenkategorien kursiv geschrieben.

Ökobilanz Waschmittel als Pulver

Datenkategorien	Normal	Kompakt	Normal	Kompakt
	je kg Waschmittel		je kg gereinigte Wäsche	
Luft				
Partikel	21,9 g	21,0 g	706 mg	457 mg
CO (Kohlenmonoxid)	1,3 g	1,4 g	42 mg	30 mg
SO_2 (Schwefeldioxid)	7,7 g	8,8 g	248 mg	191 mg
Wasser				
BSB (Biologischer Sauerstoffbedarf)	0,1 g	0,1 g	3 mg	2 mg
CSB (Chemischer Sauerstoffbedarf)	1,2 g	1,1 g	39 mg	24 mg
Suspendierte Stoffe	30,4 g	29,0 g	981 mg	630 mg
Abfall	160 g	167 g	5 161 mg	3 630 mg
Energie	29,9 MJ	35,9 MJ	0,96 MJ	0,78 MJ

Im ersten Fall ist eine Schlussfolgerung aufgrund der nahe beieinander liegenden Werte kaum möglich, während im zweiten Beispiel das Kompakt-Pulver eindeutig besser abschneidet, da es in allen Datenkategorien überlegen ist. Was ist nun aber der richtige Ansatz? Die Norm fordert bei der Wahl der funktionellen Einheit, dass „der quantifizierte Nutzen des Produktsystems" die Basis darstellen muss.

Dies kann nicht „kg Waschmittel“ sein – beide Waschmittel haben massebezogen unterschiedliche Leistungen, daher ist „kg gereinigte Wäsche“ die richtige Nutzeneinheit und somit entspricht nur das zweite Beispiel den Normanforderungen.

Nach den Festlegungen von Ziel, funktioneller Einheit und Systemgrenzen müssen im nächsten Schritt die benötigten Daten gesammelt werden. Diese können zum Teil im Betrieb selbst gefunden werden. Da aber der gesamte Lebensweg einzubeziehen ist, müssen auch andere Quellen herangezogen werden. Diese können in der Kette vorgeschaltete (Lieferanten, upstream) oder nachgeschaltete (Kunden, downstream) Organisationen sein. Bei häufig betrachteten Prozessen können diese Informationen auch aus Datenbanken entnommen werden.

Nach dem Zusammentragen aller benötigten Daten erfolgt die Berechnung der Sachbilanzergebnisse. Über den gesamten Lebensweg werden für die zuvor festgelegten Datenkategorien die Daten aus den Modulen aggregiert und auf die funktionelle Einheit bezogen. Nach der Diskussion der Sachbilanzergebnisse werden die Schritte Wirkungsabschätzung und Auswertung durchgeführt. Beim gewählten Beispiel des Systems ‚Waschen‘ wird hier auf diese beiden Schritte verzichtet. Bild 25 zeigt die Ergebnisse der Sachbilanz.

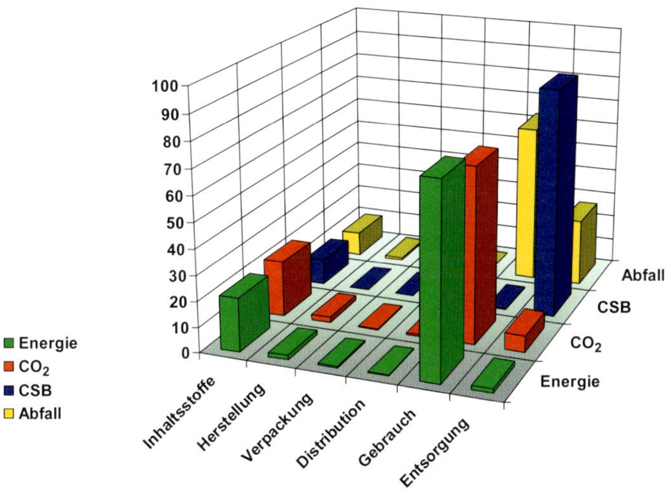

Bild 25: Ökobilanz des Systems „Waschen“

Aus diesen Ergebnissen lassen sich Schlussfolgerungen für eine Verringerung der Umweltauswirkungen ableiten. Diese in Bild 26 dargestellten Hinweise hat der Europäische Waschmittelverband A.I.S.E. auf Basis solcher Ökobilanzergebnisse zur optimierten Anwendung von Waschmitteln auf Verpackungen empfohlen. Die Hersteller haben daraufhin die Piktogramme mit Hinweisen aufgedruckt und in TV-Spots nach der üblichen Werbung gezeigt:

Bild 26: Empfehlungen für den Verbraucher für das „Waschen“

4.5.3 Ökobilanzen im System Automobil

Die Automobilindustrie ist seit vielen Jahren auf dem Gebiet der Ökobilanzierung aktiv. Ausgehend von den Fahrzeugherstellern werden solche Untersuchungen heute in der gesamten Lieferantenkette inkl. KMU durchgeführt. Inzwischen publizieren führende Hersteller umfassende und von unabhängigen Dritten geprüfte Ökobilanzen. Bei Volkswagen beispielsweise unter der Bezeichnung ‚Umweltprädikat‘ (41) oder bei Daimler unter ‚Umweltzertifikat‘ (20). Die folgenden Beispiele und Abbildungen sind dem Umweltzertifikat der Mercedes-Benz C-Klasse aus dem Jahr 2011 entnommen (42).

In Bild 27 sind die Anteile der verschiedenen Lebenszyklusphasen an verschiedenen Emissions- und Wirkungsindikatoren für einen C-Klasse-Benziner dargestellt. Damit wird die Verteilung einzelner Umweltauswirkungen auf die verschiedenen Phasen des Lebenszyklus untersucht. Die Relevanz der jeweiligen Lebenszyklusphasen hängt von den jeweils betrachteten Umweltauswirkungen ab. Für die CO_2-Emissionen und auch den Primärenergieverbrauch ist die Nutzungsphase mit einem Anteil von über 86 Prozent dominant.

Daimler stellte aber auch fest, dass der Gebrauch eines Fahrzeugs nicht ausschließlich über die Umweltverträglichkeit entscheidet (42): „Einige umweltrelevante Emissionen werden maßgeblich durch die Herstellung verursacht, zum Beispiel Schwefeldioxid- (SO_2), Methan- (CH_4) und Stickoxid-Emissionen (NO_X) (vgl. Bild 27). Daher muss die Herstellungsphase in die Betrachtung der ökologischen Verträglichkeit einbezogen werden. Für eine Vielzahl von Emissionen ist heute weniger der Fahrbetrieb selbst, als vielmehr die Kraftstoffherstellung dominant, zum Beispiel für die Emissionen von flüchtigen organischen Verbindungen ohne Methan (NMVOC) und NO_X-Emissionen sowie die damit wesentlich verbundenen Umweltauswirkungen Photochemisches Oxidantienbildungspotenzial (POCP: Sommer-Smog, Ozon) und Versauerungspotenzial (AP)."

Diese Aussagen beziehen sich alle auf das gesamte Fahrzeug. Zur Verbesserung der neuen Modelle und um den Anteil einzelner Fahrzeugbauteile und -umfänge zu verstehen, wird die Verteilung ausgewählter Umweltauswirkungen auf die Herstellung einzelner Baugruppen/Module des Fahrzeuges untersucht. Exemplarisch ist in Bild 28 die prozentuale Verteilung der Kohlendioxid- und der Schwefeldioxid-Emissionen auf einzelne Bauteile/Module dargestellt. Bei den Kohlendioxid-Emissionen dominiert der Rohbau, bei den Schwefeldioxid-Emissionen zeigen sich höhere Werte bei Elektrik/Elektronik und im Bereich des Motors und der Abgasanlage. Dieses Ergebnis

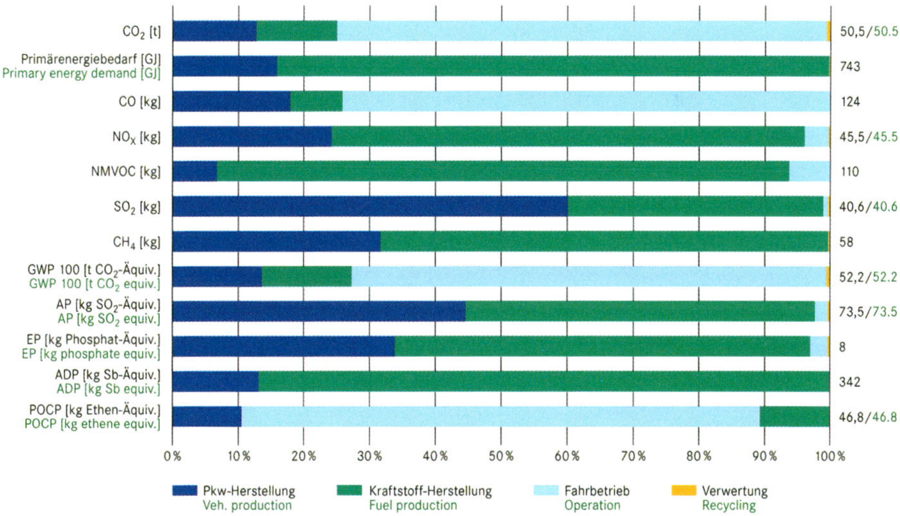

Bild 27: Anteil Lebenszyklusphasen beim Automobil (42)

lässt sich durch den Einsatz von Edel- bzw. Nichteisenmetallen erklären, die bei der Materialherstellung hohe Schwefeldioxid-Emissionen verursachen. Mit dieser Darstellung kann der Hersteller ermitteln, welche Baugruppen für welche Umweltwirkungen die größten Potenziale zur Verbesserung bieten.

Das Ziel einer verbesserten Umweltverträglichkeit ist bei Daimler ein auf Gesamtfahrzeugebene festgelegter Bestandteil im Pkw-Entwicklungsprozess. Erreicht wird dieses Ziel – neben anderen Maßnahmen – durch die Materialauswahl auf Bauteilebene. Als Beispiel für einen solchen ökobilanziellen Konzeptvergleich werden in Bild 29 das Gewicht und der Primärenergiebedarf für das Bauteil Frontmodul dargestellt. Untersucht und bewertet wurden die Frontmodulkonzepte aus Stahl (Serienstand des Vorgängermodells), eine Stahl/Aluminium-Variante und ein Konzept aus Stahl/Polyamid glasfaserverstärkt.

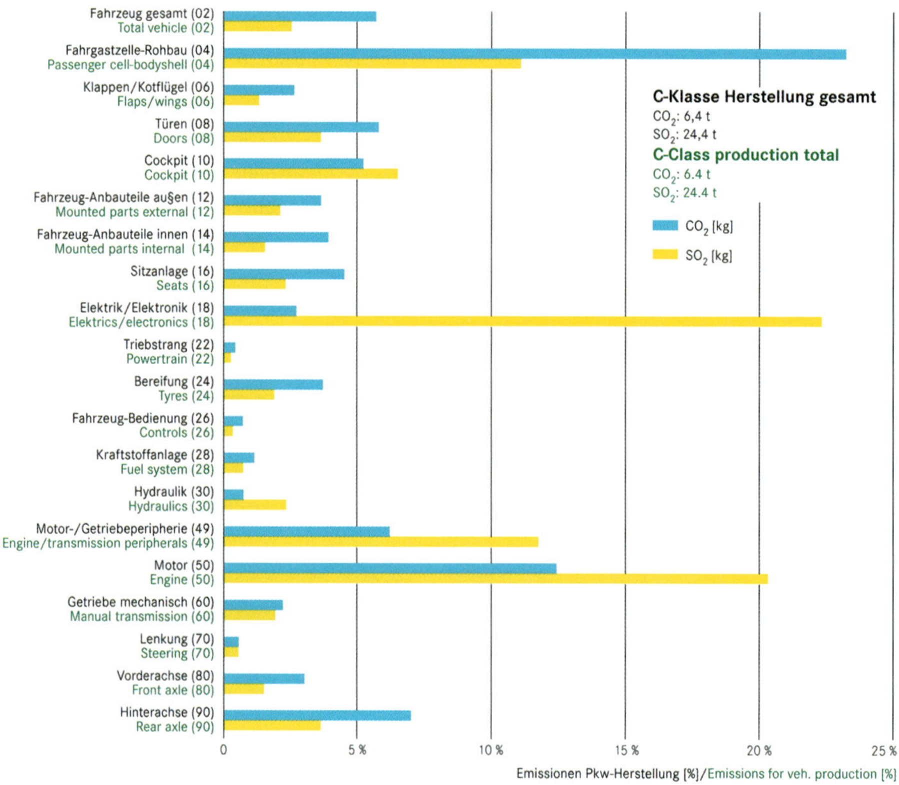

Bild 28: Verteilung ausgewählter Parameter (CO_2 und SO_2) auf Daimler-Bauteile (42)

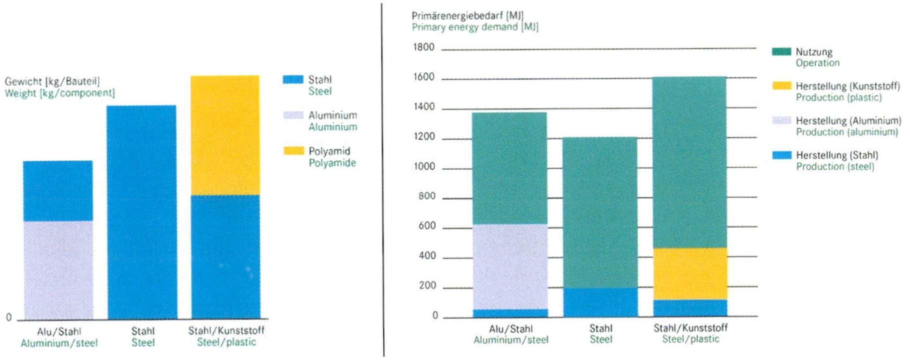

Bild 29: Beispiel Ökobilanz Bauteilvergleich (42)

Im linken Teil von Bild 29 erkennt man, dass die Stahl/Aluminium-Variante das geringste Gewicht aufweist. In der Ökobilanz schneidet aber nicht etwa diese Variante am besten ab, sondern das Stahlkonzept. Der rechte Teil der Abbildung zeigt, dass der Primärenergiebedarf zur Herstellung des Aluminiums deutlich größer ist als der für Stahl. Die Belastung aus der Nutzungsphase (dargestellt als grüner Balken) ist bei der leichtesten Variante am kleinsten, die Einsparung aus der Nutzung reicht in diesem Fall aber nicht aus, den Mehraufwand der Herstellung zu kompensieren.

Organisationsbezogene Ökobilanz 4.5.4

Für Organisationen wurden verschiedene Methoden, Instrumente und Techniken entwickelt, um die Umweltleistung ihrer Güter und Dienstleistungen zu analysieren bzw. zu verbessern. Etablierte Methoden des Umweltmanagements sind dabei die Umweltaspektebewertung oder die sogenannte Betriebliche Ökobilanz, deren Betrachtungshorizont jedoch typischerweise am Werkszaun endet. Dies ist für die fortlaufende Verbesserung der Umweltleistung von Organisationen aber oft ineffizient oder gar irreführend. Viele Untersuchungen zeigen, dass bei den meisten Organisationen der in der eigenen Produktion verursachte Anteil an der gesamten Umweltbelastung relativ gering ist und damit die wesentlichen Stellhebel oft in den vor- und nachgelagerten Prozessen bzw. Organisationen liegen. So beträgt der direkt zum Unternehmen gehörende Emissionsanteil von CO_2 bei der Firma Apple beispielsweise gerade einmal bei zwei Prozent (43). Auch bei kleineren Unternehmen mit größerer Fertigungstiefe wie z. B. der Prignitzer Chemie liegt der direkt vom Unternehmen selbst emittierte CO_2-Anteil bei lediglich acht Prozent (44).

Deshalb sind zukünftig Ansätze wie die organisationsbezogene Ökobilanz (engl. Organizational LCA, Abkürzung nach ISO: OLCA, Abkürzung nach UNEP: O-LCA) wichtig und notwendig, die über eine Lebenswegbetrachtung die gesamte Wertschöpfungskette einer Organisation abbilden. Die Ökobilanz (life cycle assessment, LCA) hat sich als robuste, quantitative Methode und als Schlüssel zur Unterstützung umweltbezogener Entscheidungsprozesse bewährt. Ursprünglich für Produkte entwickelt, kann ihr Lebenszyklusansatz auch auf Organisationen ausgeweitet und vorteilhaft genutzt werden. Auf Organisationsebene ist es noch ein relativ neuer Ansatz, die gesamte Wertschöpfungskette zu betrachten. Bis heute werden dabei meist nur einzelne Umweltaspekte wie die Treibhausgasemissionen oder der Wasserverbrauch berücksichtigt.

In diesem Zusammenhang hat die UNEP/SETAC Life Cycle Initiative das sog. Flaggschiff-Projekt „LCA für Organisationen" ins Leben gerufen, um die Einsatzmöglichkeiten und Anwendbarkeit von organisationsbezogenen Ökobilanzen zu untersuchen. Als ein erstes Kernergebnis dieses Projekts ist ein knapp 150 Seiten umfassender Leitfaden veröffentlicht worden (45). Er baut auf bestehenden wichtigen Arbeiten und Initiativen, wie der Greenhouse Gas Protocol-Initiative, auf und befindet sich im Einklang mit ISO/TS 14072, ISO 14040 und ISO 14044. OLCA nutzt die Lebenszyklusperspektive, um Inputs, Outputs und potenzielle Umweltwirkungen von Aktivitäten in Zusammenhang mit einer Organisation und ihrem Produkt-Portfolio zusammenzutragen und auszuwerten. Dabei ist diese Methode in der Lage, eine Vielzahl an Zielen zu bedienen (z. B. Identifizierung von Umwelthotspots entlang des Lebenswegs, zeitliche Verfolgung der Umweltleistungsentwicklung, Unterstützung von strategischen Entscheidungen und Bereitstellung von Informationen für die Nachhaltigkeitsberichterstattung). Ein Ziel, das OLCA derzeit nicht erfüllen kann, sind vergleichende Aussagen zu Organisationen und deren externe Kommunikation. Es fehlt eine konsistente Grundlage, um Organisationen vergleichbar zu machen, weshalb vergleichende Aussagen weder robust noch aussagekräftig sind.

OLCA adressiert grundsätzlich Organisationen weltweit, jeglicher Größe, öffentliche und private sowie alle Sektoren der Wirtschaft. Erste Anwender setzen OLCA bereits heute ein und nutzen die Ergebnisse, um die Umweltleistung ihrer Organisation zu verbessern. Der nächste Schritt ist nun die stärkere Verbreitung von OLCA. Dafür sind einfach zugängliche und praxisorientierte Anleitungen erforderlich. Im Leitfaden werden drei verschiedene Wege beschrieben, wie Organisationen – aufbauend auf den bereits vorhandenen Erfahrungen mit einzelnen Umweltbewertungsmethoden – ihren Analysehorizont erweitern und den OLCA-Ansatz einsetzen können. Empfehlungen für kleine, mittlere und große Organisationen geben außerdem Hilfestellung für die praktische Umsetzung. Gezielte Empfehlungen für verschiedene Anwendungsfälle unterstreichen, dass es kein „Universalkonzept" für die Anwendung von OLCA gibt. Darüber hinaus veranschaulichen elf Fallstudien von Vorreitern der OLCA-Methode den Nutzen der Anwendung einer mehrerer Kriterien entsprechenden Umweltbewertungsmethode für Organisationen und ihrer Wertschöpfungskette.

Im kostenlos verfügbaren UNEP-Leitfaden (45) sind insgesamt elf Fallbeispiele aus verschiedenen Regionen und Sektoren zusammengestellt: Accor S.A. Europa (Frankreich, Hotels), BASF Europa (Deutschland, Chemie), Colruyt Group Europa (Belgien, Handel), Inghams Enterprises Pty Limited Oceania (Australien, Geflügel), KPMG Europa (Niederlande, Dienstleistung), Mondeléz International Inc. Nordamerika (USA, Nahrungsmittel), Natura Cosméticos S.A. Lateinamerika (Brasilien, Konsumgüter), Shiseido Company Limited Asien (Japan, Kosmetik), Storengy (GDF SUEZ) Europa (Frankreich, Erdgas), Unilever Europa (Großbritannien, Nahrungs- und Reinigungsmittel) und Volkswagen Europa (Deutschland, Automobil). Ein Beispiel für eine auf den Treibhauseffekt bezogene, organisationsbezogene Ökobilanz von Unilever ist im Kapitel 4.7.1 als Carbon Footprint Unilever dargestellt.

Soziale Lebenszyklusanalyse 4.5.5

Im vorangegangenen Kapitel wurde ein Anwendungsbeispiel von Ökobilanzen vorgestellt, das sich durch einen anderen Untersuchungsgegenstand auszeichnet – Organisationen statt der klassisch untersuchten Produkte. Bei der sozialen Lebenszyklusanalyse oder produktbezogenen Sozialbilanz (engl. Social Life Cycle Assessment – SLCA) wird nicht der Untersuchungsgegenstand verändert, sondern die bewertete Nachhaltigkeitsdimension – statt Umweltverträglichkeit geht es bei SLCA um Sozialverträglichkeit. Dabei sind die in einer SLCA betrachteten sozialen Aspekte sehr divers und reichen von Menschenrechtsthemen wie Kinderarbeit oder Zwangsarbeit über Arbeitsbedingungen für Beschäftigte wie Gesundheit, Sicherheit oder Bezahlung bis hin zu gesellschaftlich relevanten Themen wie Korruption.

Eine SLCA zielt nach den von der UNEP/SETAC Life Cycle Initiative publizierten Guidelines for Social Life Cycle Assessment of Products (46) darauf ab, „soziale und sozioökonomische Aspekte von Produkten und ihre (realen und potenziellen) positiven und negativen Auswirkungen entlang ihres Lebenszyklus (von Ressourcenabbau,

Rohstoffaufbereitung, Produktion, Vertrieb, Nutzung, Wartung, Recycling bis zur finalen Entsorgung) zu bewerten.

Aufgrund der Betrachtung des gesamten Lebenszyklus soll wie auch bei anderen Lebenszyklusbetrachtungen eine Problemverlagerung von einer Lebenszyklusphase (wie z.B. Ressourcenabbau) in eine andere (wie z.B. Verarbeitung des Materials) vermieden werden. Als Unterschied zu einer LCA lassen sich nicht alle sozialen Aspekte direkt quantitativ ausdrücken. Sie beziehen sich nicht nur auf Prozesse, sondern auch auf das Verhalten der Firmen. Weitere Unterschiede sind beispielsweise, dass die sozialen Themen häufig kultur- und standortspezifisch sind und zur Interpretation Wissen zu politischen und gesellschaftlichen Hintergründen notwendig sein kann. Um wichtige soziale Aspekte nicht unberücksichtigt zu lassen bzw. ihre Identifizierung zu erleichtern, werden diese oft aus der Perspektive verschiedener Stakeholder wie Gesellschaft oder Beschäftigte betrachtet und sogenannten (Stakeholder-)Rubriken zugeordnet (47).

Die UNEP-Guidelines (46) teilen die sozialen Aspekte in fünf solcher Rubriken ein:

- Verhalten eines Unternehmens gegenüber der Gesellschaft,
- Verhalten eines Unternehmens gegenüber den Geschäftspartnern und Wettbewerbern,
- Verhalten eines Unternehmens gegenüber den Beschäftigten,
- Verhalten eines Unternehmens gegenüber der lokalen Gemeinschaft und
- Verhalten eines Unternehmens gegenüber den Kunden.

Soziale Aspekte können aber nicht nur solchen Rubriken zugeordnet, sondern zusätzlich auch gemäß spezifischen Wirkungspfaden oder Referenzwerten in Wirkungskategorien eingeteilt werden. Wirkungskategorien sind analog zur LCA Klassen, die wichtige Sozialthemen repräsentieren und denen Sachbilanzergebnisse zugeordnet werden. Diese sind für die SLCA beispielsweise Menschenrechte, Arbeitsbedingungen, Gesundheit und Sicherheit, kulturelles Erbe, Steuerung/Führung sowie sozioökonomische Auswirkungen. Die Wirkungspfade zwischen Indikatoren und sozialen Aspekten und zwischen sozialen Aspekten und Wirkungskategorien sind zum aktuellen Zeitpunkt noch nicht ausreichend untersucht. Auch deshalb ist die Wirkungsabschätzung momentan noch nicht wirklich harmonisiert und vereinheitlicht.

Um die einzelnen Prozesse im Rahmen einer SLCA gegeneinander zu verrechnen, werden diese auf Aktivitätsvariablen bezogen. Eine Aktivitätsvariable ist eine Maßeinheit, die dem Output eines Prozesses eine bestimmte Menge an Aktivität zuordnet, beispielsweise Arbeitsstunden pro Kilogramm. Damit kann der Anteil jedes Prozesses in einem Produkt abgeschätzt werden (47).

Für die Datenerhebung können entweder länder-, branchen- oder unternehmensspezifische Ansätze gewählt werden. Häufig werden diese Ansätze auch kombiniert. Ein Beispiel für eine soziale Datenbank ist die sogenannte Social Hotspot Database (SHDB), die von einer Non-Profit-Organisation entwickelt und seit 2010 online verfügbar gemacht wurde. Als Social Hotspots werden Prozesse in einer Region bezeichnet, bei denen für bestimmte soziale Aspekte Situationen entstehen können, die als Risiko bezeichnet werden. Die Datenbank enthält generische Daten aus verschiedensten öffentlichen und privaten Datenbanken zu 22 sozialen Themen, die in die fünf Kategorien Infrastruktur der Gemeinschaft, Staatsführung, Gesundheit und Sicherheit, Menschen- und Arbeitnehmerrechte sowie faire Arbeit eingeteilt werden. Innerhalb der sozialen Themen werden die potenziellen Risiken durch einen oder mehrere Indikator(en) bestimmt und mit geringem, mittlerem, hohem und sehr hohem Risiko bewertet. Eine Risikobewertung kann dabei auf Länder- und je nach Datenverfügbarkeit auch auf Branchenebene durchgeführt werden (47).

Trotz der großen Relevanz und der zunehmenden Entwicklung der Methode der SLCA sind eine Reihe von Grundsatzfragen immer noch nicht abschließend geklärt (47):

- Welche sozialen Aspekte und Indikatoren sollen in einer SLCA betrachtet werden, da viele soziale Aspekte kulturspezifisch und nicht zwischen verschiedenen Ländern vergleichbar sind?
- Können soziale Aspekte in einer SLCA analog einer LCA analysiert werden, da sie sich oft eher auf das Verhalten von Unternehmen als direkt auf das Produkt beziehen und teilweise nicht quantifizierbar sind?
- Wie können die auf Unternehmensebene erfassten sozialen Indikatoren auf die Prozesse bezogen werden, die für das betrachtete Produkt eine Rolle spielen?
- Können für eine SLCA die gleichen Regeln für die Festlegung von Systemgrenzen gewählt werden wie für eine Ökobilanz?
- Wie können die sozialen Aspekte in der Nutzungsphase in eine SLCA integriert werden?
- Welche Wirkungspfade bestehen zwischen sozialen Aspekten und Wirkungskategorien?
- Ist es ausreichend, generische Daten zu verwenden oder muss die Verwendung standortspezifischer Daten verlangt werden?

Aufgrund dieser noch offenen Fragen sind entscheidungsrelevante Anwendungsbeispiele noch relativ wenig vorhanden und schon gar nicht publiziert. Die bisher veröffentlichten Fallstudien decken durchaus verschiedene Industriebereiche (wie z.B. Elektronikindustrie, Energiesektor, Bauindustrie, Landwirtschaft, Mobilität, Wasserwirtschaft, Tourismusindustrie, Abfallwirtschaft) ab, haben aber oft eher noch den Charakter von Lernprojekten. In praktisch keiner der Studien gelingt es bisher, wirklich den kompletten Lebensweg abzubilden. Aufgrund der besten Datenverfügbarkeit fokussieren auch viele Studien auf einzelne Stakeholder, zumeist die Gruppe der „Arbeiter".

Als Beispiel einer anwendungsorientierten Fallstudie ist die in Zusammenarbeit mit einem deutschen Automobilhersteller erstellte Dissertation von Karlewski zu nennen (47). Für eine umfassende Bewertung der sozialen Aspekte von Autos wurden die in der folgenden Tabelle dargestellten Rubriken und Aspekte untersucht:

Rubrik 1: Verhalten eines Unternehmens gegenüber der Gesellschaft	**Rubrik 2: Verhalten eines Unternehmens gegenüber Geschäftspartnern und Wettbewerbern**
• Öffentliche Verpflichtung Nachhaltigkeit • Wirtschaftliche Entwicklung • Korruption • Technologische Entwicklung • Bewaffnete Konflikte	• Verhalten im Wettbewerb • Geistiges Eigentum • Verhalten gegenüber Lieferanten • Soziale Verantwortung
Rubrik 3: Verhalten eines Unternehmens gegenüber den Beschäftigten	**Rubrik 4: Verhalten eines Unternehmens gegenüber der lokalen Gemeinschaft**
• Vereinigungsfreiheit & Kollektivverhandlungen • Kinderarbeit • Bezahlung • Arbeitszeit • Zwangsarbeit • Chancengleichheit • Gesundheit und Sicherheit • Sozialleistungen • Aus- und Weiterbildung • Sicherheit der Arbeitsverhältnisse • Subjektive Arbeitszufriedenheit	• Umsiedlung und Migration • Dialog mit der lokalen Gemeinschaft • Lokales Kulturerbe • Rechte der lokalen Gemeinschaft • Lokaler Arbeitsmarkt • Zugang zu immateriellen Ressourcen • Zugang zu materiellen Ressourcen • Gesundheit in der lokalen Umgebung • Lokale Sicherheit

Rubrik 5: Verhalten eines Automobilunternehmens gegenüber den Kunden	Rubrik 6: Soziale Automobileigenschaften
• Servicequalität • Privatsphäre • Fairness • Kommunikation von Risiken des Autos • Feedbackmöglichkeit • Informationen zum Umgang mit dem Auto • Transparenz bezüglich Nachhaltigkeit	• Gesundheit • Sicherheit • Schutz • Komfort • Produktqualität • Individualisierungsmöglichkeiten

Mit einer umfangreichen Datenerhebung bei Stakeholdern, Kunden und Lieferanten zeigt diese Arbeit, dass eine SLCA mit unternehmensspezifischen Daten auch in einer Industrie mit internationalen, komplexen Fertigungs- und Zuliefererstrukturen wie der Automobilindustrie im Prinzip durchführbar ist – wenn auch mit einigen Einschränkungen. Zur vollständigen Berücksichtigung von sozialen Themen in der Produktentwicklung inklusive einer SLCA für das Gesamtfahrzeug ist es sicherlich noch ein weiter Weg. Dafür müsste ein umfassendes Datenerhebungssystem aufgebaut werden, in dem die Lieferanten definierte soziale Aspekte und Indikatoren einstellen müssten. Für einzelne soziale Aspekte können aber nach Karlewski auch schon heute unternehmensspezifische Daten erhoben werden und für eine SLCA-Berechnung genutzt werden (47).

Lebenszyklusbasierte Ressourceneffizienzanalyse 4.5.6

Die natürlichen Ressourcen der Erde sind eine wichtige Grundlage für Fortschritt und wirtschaftliches Handeln der Menschen. Während die Nutzung von Ressourcen vor dem vergangenen Jahrhundert noch überschaubar und auf wenige Rohstoffe begrenzt war, hat sich dieses Bild in der Neuzeit dramatisch verändert. Mit dem global permanent steigenden Rohstoffbedarf sind dabei auch die aus der Ressourcennutzung resultierenden negativen Konsequenzen auf die Umwelt immer deutlicher geworden.

So führt bereits der Rohstoffabbau zu zahlreichen Problemen wie etwa der Zerstörung von Naturraum. Auch die Verarbeitung von Rohstoffen zu Produkten, insbesondere unter Nutzung fossiler Energieträger, kann zu gesundheitlichen und ökologischen Auswirkungen, wie Smog, Klimaerwärmung oder Versauerung von Gewässern, führen. Während man sich dieser Probleme mittlerweile bewusst ist und nach Lösungen sucht, stehen Wirtschaft und Gesellschaft bereits vor einer neuen Herausforderung – der zunehmenden Verknappung der Rohstoffe an sich (48).

Während einige Rohstoffe als knapp gelten, da die aktuelle Nachfrage ihr Angebot übersteigt oder andere ökonomische Einschränkungen, wie z.B. Handelsbarrieren, existieren (z.B. Seltene Erden), ist für andere Ressourcen (z.B. Erdöl) ein tatsächliches Ende der heute wirtschaftlich förderbaren Reserven absehbar. Sich momentan verknappende bzw. real zur Neige gehende Rohstoffe führen somit zu steigenden Preisen und Konflikten um die verbleibenden Rohstoffvorräte. Daher haben Fragen der Ressourceneffizienz und Ressourcensicherheit in den letzten Jahren sowohl in der Industrie als auch in der Politik immer mehr an Bedeutung gewonnen (48).

Ressourceneffizienz wird im Allgemeinen als das Verhältnis aus einer erbrachten Leistung und dem dafür benötigten Ressourceneinsatz definiert. Neben einer Festlegung, wie die Leistung oder Wertschöpfung gemessen wird, hängt die jeweilige Ausprägung der Ressourceneffizienzanalyse noch wesentlich von der Definition der Ressource an sich ab. Während Ressourcen im klassischen Sinne oft mit Rohstoffen wie zum Beispiel Metallen oder Energieträgern gleichgesetzt werden, wird in der Thematischen Strategie zur nachhaltigen Nutzung natürlicher Ressourcen der Europäischen Kommission ein erweitertes Verständnis geprägt. Neben den Rohstoffen werden darin auch Umweltmedien wie Luft, Wasser, Boden, physikalischer Raum ebenso wie strömende Ressourcen (Wind- oder Sonnenenergie) und Landnutzung berücksichtigt (48).

Um die lebenszyklusbasierte Ressourceneffizienz von Produkten und Prozessen sinnvoll darstellen zu können, werden robuste und anwendbare Indikatoren zur Bestimmung des Ressourceneinsatzes benötigt. Es gibt bereits zahlreiche Methoden und Ansätze zur Berechnung von Ressourceneffizienz. Allerdings beziehen sich davon viele ausschließlich auf den Verbrauch von natürlichen Rohstoffen (z.B. Materialintensität pro Serviceeinheit (MIPS) oder Kumulierter Rohstoffaufwand (KRA) oder materialflussbasierte Indikatoren wie den inländischen Materialverbrauch (engl. domestic material consumption, DMC)). Diese mengenbezogenen Kennzahlen sind zwar praktisch anzuwenden, einfach zu berechnen und gut kommunizierbar. Sie haben jedoch nur eine geringe Aussagekraft und sind wissenschaftlich nicht belastbar, da allein die Menge eines Materials weder über die Umweltwirkung noch über die Verfügbarkeit verlässlich Auskunft gibt (48).

Eine ganzheitliche, lebenszyklusorientierte Bewertung von Ressourceneffizienz muss deshalb über die reine Betrachtung von Mengen hinausgehen. Für einen nachhaltigen Einsatz von Ressourcen müssen die Umweltwirkungen in Zusammenhang mit Abbau und Nutzung der Ressourcen erfasst sowie ihre Verfügbarkeit unter Berücksichtigung von heutigem und zukünftigem Bedarf ermittelt werden. Bei der Bewertung von Ressourceneffizienz im Kontext einer nachhaltigen Entwicklung sind sowohl ökologische als auch wirtschaftliche und soziale Faktoren relevant (48).

Die Bewertung der Ressourceneffizienz kann dabei wie in Bild 30 dargestellt auf drei verschiedenen Ebenen stattfinden:

- Macro-Level: Bewertung von Kritikalität (Verfügbarkeit und Vulnerabilität) und Umweltbeeinträchtigung auf Länderebene
- Meso-Level: Bewertung von Kritikalität und Umweltbeeinträchtigung auf Unternehmensebene
- Micro-Level: Bewertung von Kritikalität und Umweltbeeinträchtigung auf Produktebene

Für die nachhaltige Entwicklung und Ressourcennutzung ist dabei wichtig, dass die auf Macro-Level verfolgten politischen Strategien und die von Unternehmen auf Meso- und Micro-Level verfolgten Ansätze konsistent ineinander greifen. Bild 30 klärt auch den Zusammenhang einiger wesentlicher Begrifflichkeiten, die in diesem Zusammenhang verwendet werden. Kritikalität, Verfügbarkeit und Vulnerabilität werden oft als Synonyme verwendet, beschreiben jedoch unterschiedliche Dinge. Verfügbarkeit wird in Bild 30 in die physische Verfügbarkeit, also das materielle Vorhandensein einer Ressource, und die sozio-ökonomische Verfügbarkeit, also die Möglichkeit, sich die Ressource am Markt ohne ökonomische oder soziale Einschränkungen beschaffen zu können, unterschieden. Diese Eigenschaften hängen allein von der Ressource selbst ab, sie sind quasi eine Stoffeigenschaft.

Demgegenüber beschreibt die Vulnerabilität keine Eigenschaften der Ressource selbst, sondern die Bedeutung einer bestimmten Ressource für die wirtschaftlichen Aktivitäten eines Unternehmens oder eines Landes. Je wichtiger bestimmte Ressourcen für einen Akteur sind, desto empfindlicher reagiert er auf Störungen der Verfügbarkeit. Eine Bäckerei benötigt keine Seltenen Erden, deshalb ist sie diesbezüglich auch nicht vulnerabel. Ein Hersteller von Permanentmagneten ist heute auf Seltene Erden angewiesen, er kann ohne sie nicht produzieren und ist demnach sehr vulnerabel.

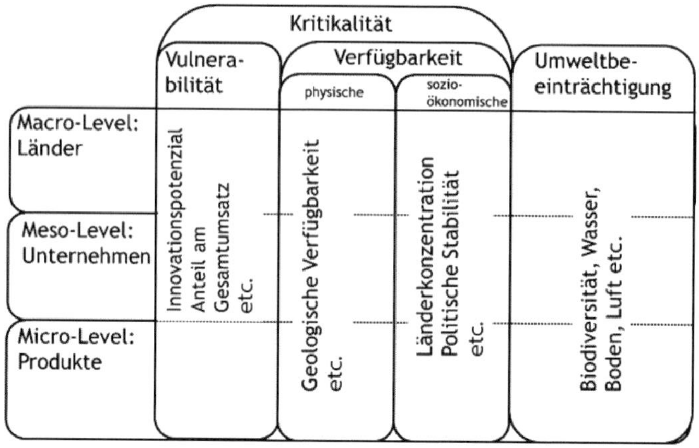

Bild 30: Kritikalitäts- und Umweltbewertung auf den verschiedenen Anwendungsebenen (48)

Die Kritikalität einer Ressource für einen bestimmten Akteur ergibt sich nun aus der Relation der beiden zuvor genannten Aspekte. Die Kritikalität einer Ressource ist immer dann am höchsten, wenn die Verfügbarkeit gering und die Vulnerabilität hoch ist. Bei sehr großer Verfügbarkeit ist auch eine hohe Vulnerabilität unkritisch.

Für den Aspekt der Umweltbeeinträchtigung gibt es in Ökobilanzen zahlreiche Indikatoren, die zum Beispiel die Nutzung und Verschmutzung natürlicher Ressourcen wie Luft oder Wasser bewerten und die Verfügbarkeit von Ressourcen anhand der ökologischen oder geologischen Verfügbarkeit betrachten. Zu den wichtigsten Methoden zur Bewertung der Ressourcenverfügbarkeit auf Produktebene zählen das sogenannte Abiotic Depletion Potential (ADP) und das Anthropogenic Stock Extended Abiotic Depletion Potential (AADP). Allerdings gibt es auch noch wichtige Umweltauswirkungen, die bisher nicht abgebildet werden können. Das sind vor allem der Verlust von Biodiversität, Bodenqualität und andere Landnutzungsauswirkungen. Gerade in der Diskussion der Ressourcenverfügbarkeit sind diese Aspekte von großer Bedeutung (48).

Zur Bewertung der sozio-ökonomischen Ressourcenverfügbarkeit auf Produktebene gibt es bisher eher wenige Ansätze und die existierenden Studien beziehen sich hauptsächlich auf die Länder- und Unternehmensebene. Methoden zur Bewertung auf Unternehmensebene werden überwiegend von den Unternehmen selbst entwickelt und aufgrund der strategischen Wettbewerbsrelevanz eher selten publiziert. Da es auf Produktebene auf eine trennscharfe Unterscheidung einzelner Materialien und spezifischer Nutzungen ankommt, eignen sich die Indikatoren der Länder- und Unternehmensebene für die Bewertung der Ressourceneffizienz auf Produktebene nur bedingt.

Basierend auf der Ökobilanzmethodik gibt es aber bereits erste Ansätze zur Bewertung der ökonomischen Ressourcenverfügbarkeit auf Produktebene: das Economic Resource Scarcity Potential (ESP). Der ESP-Indikator betrachtet ökonomische Aspekte, die zu einer marktinduzierten Einschränkung der Verfügbarkeit führen können (48).

Abschließend wird hier exemplarisch die sogenannte ESSENZ-Methode (49) vorgestellt, die im Rahmen des vom Bundesministerium für Bildung und Forschung (BMBF) geförderten r^3-Projektes ESSENZ (Integrierte Methode zur ganzheitlichen Berechnung/Messung von Ressourceneffizienz) entwickelt wurde. Diese Methode wurde durch ein Konsortium unter der Leitung der Technischen Universität Berlin mit den Industriepartnern Daimler AG, Deutsches Kupferinstitut Berufsverband e.V., Evonik Industries AG, Siemens AG, ThyssenKrupp Steel Europe AG und Wissenschaftlicher Gerätebau Dr. Ing. Herbert Knauer GmbH entwickelt und soll zur Verwendung innerhalb von Ökobilanzen geeignet sein. Sie unterstützt die umfassende, lebenszyklusbasierte Messung und Bewertung von Ressourceneffizienz, indem anwendbare Indikatoren zur Verfügung gestellt werden.

Um Ressourceneffizienz von Produkten, Prozessen und Dienstleistungen umfassend abzubilden und eine belastbare und transparente Einschätzung der Ressourceneffizienz im Kontext einer nachhaltigen Entwicklung zu ermöglichen, betrachtet die ESSENZ-Methode die vier Dimensionen „Verfügbarkeit“, „gesellschaftliche Akzeptanz“, „Umweltauswirkungen“ und „Wertschöpfung“. Die Modellierung des zu untersuchenden Produktsystems basiert auf der Ökobilanz-Methodik nach ISO 14044. Im ersten Schritt erfolgt die Festlegung von Ziel und Untersuchungsrahmen inklusive des Nutzens des Produktsystems und der darauf basierenden funktionellen Einheit. In der Standardausprägung der ESSENZ-Methode repräsentiert die funktionelle Einheit auch die Wertschöpfung des untersuchten Produktsystems. Da die funktionelle Einheit keine klassische Größe für die Wertschöpfung darstellt, können Anwender bei Bedarf auch andere ökonomische Kennzahlen (z.B. Preis des untersuchten Produktes, Gewinn durch den Verkauf des untersuchten Produktes etc.) verwenden. Da diese Kennzahlen sehr unternehmens- und kontextspezifisch sind, wurde in ESSENZ diesbezüglich keine Festlegung getroffen.

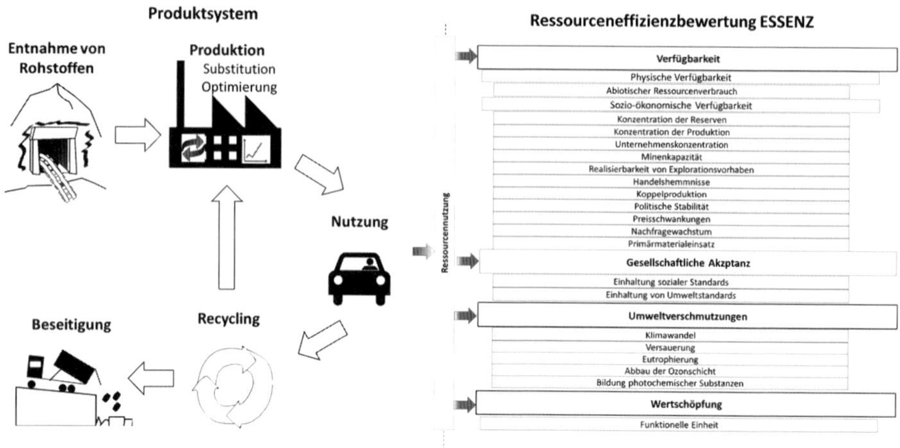

Bild 31: Schematische Darstellung der ESSENZ-Methode mit Produktsystem und Bewertung (49)

Aufbauend auf der Modellierung können dann die Sachbilanzergebnisse des untersuchten Produktsystems ermittelt werden, welche bei ESSENZ neben den in Ökobilanzen üblicherweise verwendeten Elementarflüssen als zusätzliche Inventardaten auch noch das Mengengerüst (Materialzusammensetzung des Produktes) und den regionalisierten Wasserverbrauch umfassen (49). Eine schematische Darstellung der ESSENZ-Methode mit Produktsystem und Gesamtübersicht zur Bewertung findet sich in Bild 31.

Um die vier oben genannten Dimensionen abzubilden, werden insgesamt 21 Kategorien eingeführt. Die Dimension „Verfügbarkeit" ist untergliedert in die „physische Verfügbarkeit" und die „sozio-ökonomische Verfügbarkeit". Die Dimension „physische Verfügbarkeit" beinhaltet die geologische und anthropogene Verfügbarkeit der betrachteten Metalle und fossilen Rohstoffe. Die Bewertung findet in der Kategorie „Abiotischer Ressourcenverbrauch" mit Hilfe des „Anthropogenic stock extended Abiotic Depletion Potential" (AADP)-Indikators statt. Neben dem AADP-Indikator findet auch der „Abiotic Depletion Potential"-Indikator für Metalle und für fossile Rohstoffe Verwendung. Da diese Indikatoren in der Ökobilanz etabliert sind, stehen die notwendigen Charakterisierungsfaktoren bereits zur Verfügung (49).

Die Dimension „sozio-ökonomische Verfügbarkeit" bewertet verfügbarkeitseinschränkende, sozio-ökonomische Aspekte. Diese umfassen in ESSENZ

- die Konzentration der Reserven,
- die Konzentration der Produktion,
- die Unternehmenskonzentration,
- die Realisierbarkeit von Explorationsvorhaben,
- die Koppelproduktion,
- die Preisentwicklung,
- den Primärmaterialeinsatz,
- die politische Stabilität,
- die Minenkapazität,
- die Handelshemmnisse und
- das Nachfragewachstum.

All diese Indikatoren können potenziell limitierende Faktoren sein und Störungen entlang der Versorgungskette (Unterbrechungen der Lieferkette oder Verzögerungen innerhalb der Lieferkette) verursachen (49). Ihre Quantifizierung erfolgt über ein im ESSENZ-Projekt entwickeltes Modell, welches sich an die Methode der ökologischen Knappheit anlehnt. Die Bewertung erfolgt nach dem sogenannten Distance-to-Target-Prinzip, bei dem der Istzustand, z.B. die tatsächliche Konzentration der Reserven einer Ressource, mit dem Toleranzwert, z.B. einer als akzeptabel definierten Konzentration der Reserven oder einem festgelegten politischen Grenzwert, gegenübergestellt wird. Jedem Wirkungsindikatorergebnis wird ein spezifischer Grenzwert gegenübergestellt und das Ergebnis anschließend quadriert, um eine überproportionale Gewichtung hoher Grenzwertüberschreitungen zu erreichen (49).

Die Einführung der Grenzwerte unterstützt den Anwender bei der Interpretation der Ergebnisse, da potenzielle Risiken durch den Bezug auf den Schwellenwert angezeigt werden. Die ermittelten Distance-to-Target-Werte sind größer eins, wenn der Wirkungsindikatorwert größer als der Grenzwert ist – dies ist der Fall, wenn ein potenzielles Versorgungsrisiko vorliegt. Wenn der Wert kleiner eins ist, bedeutet das, dass der Wirkungsindikatorwert den Grenzwert nicht erreicht und somit kein potenzielles Risiko besteht. Anschließend erfolgt eine Normierung des Ergebnisses auf die globale Produktionsmenge der jeweiligen Rohstoffe und eine lineare Skalierung auf einen festgelegten Wertebereich. Die berechneten Charakterisierungsfaktoren sind dimensionslos und wurden für ein Materialportfolio von 38 Rohstoffen (34 Metalle und 4 fossile Rohstoffe) berechnet (49).

Die Dimension „Gesellschaftliche Akzeptanz“ umfasst die zwei Kategorien Einhaltung von sozialen Standards und Einhaltung von

Umweltstandards. Für beide Kategorien ist im ESSENZ-Projekt ein Screening-Indikator entwickelt worden, der aufzeigt, bei welchen Rohstoffen während des Abbaus soziale oder Umwelt-Standards möglicherweise nicht eingehalten werden. Soziale Gesichtspunkte gewinnen bei Kaufentscheidungen durch den Konsumenten zunehmend an Bedeutung und können daher für Unternehmen relevant sein. In der ESSENZ-Methode wird ein Screening-Indikator zur Bewertung der Kategorie „Einhaltung sozialer Standards" entwickelt, der die drei betrachteten Gesichtspunkte Kinderarbeit, Zwangsarbeit und Konfliktgebiete berücksichtigt, die dem Social Life Cycle Assessment entnommen sind. Die Auswahl ist darauf zurückzuführen, dass diese Gesichtspunkte in der breiten Öffentlichkeit als besonders kritisch angesehen werden. In der Social Hotspot Database können die entsprechenden Risiko-Werte für den Abbau von Rohstoffen entnommen werden (49).

Die Bewertung der Dimension „Umweltauswirkungen" an sich – nicht als Verfügbarkeitsaspekt – erfolgt in den fünf klassischen Ökobilanz-Kategorien Klimawandel, Versauerung, Eutrophierung, Abbau der Ozonschicht und Bildung photochemischer Oxidantien. Die Berechnung der Teil- und Gesamtergebnisse erfolgt durch die Multiplikation der Sachbilanzdaten mit den bereitgestellten Charakterisierungsfaktoren der Bewertungsdimensionen. Es erfolgt zuerst die Bewertung der einzelnen Dimensionen. Anschließend erfolgt eine Zusammenführung mit der Wertschöpfung, um die Bestimmung der gesamten Ressourceneffizienz des betrachteten Produktsystems durchzuführen (49).

Derzeit werden in der ESSENZ-Methode Charakterisierungsfaktoren für ca. 40 Metalle und fossile Rohstoffe bereitgestellt – andere abiotische Ressourcen wie Sand und Kies werden noch nicht betrachtet. Des Weiteren ist eine Übertragung der methodischen Grundlagen auf biotische Rohstoffe noch nicht erprobt. Die Charakterisierungsfaktoren sollten alle drei Jahre aktualisiert werden, um zu gewährleisten, dass die Werte aktuell sind und zur Entscheidungsunterstützung herangezogen werden können. Die Dimension der Ressource Wasser ist derzeit ein optionaler Bestandteil, da die Regionalisierung der Inventardaten noch eine Herausforderung darstellt (49).

4.5.7 EU Product Environmental Footprint

Der „Product Environmental Footprint" (PEF) wurde als ein Baustein der Flaggschiff-Initiative der 2020-Strategie „Ressourcenschonendes Europa" entwickelt. Im „Fahrplan für ein ressourcenschonendes Europa" der Europäischen Kommission werden bei Betrachtung des

Lebenswegs von Produkten Möglichkeiten vorgeschlagen, um die Ressourcenproduktivität zu verbessern und das Wirtschaftswachstum von Ressourcennutzung und Umweltauswirkungen abzukoppeln. Eines der Ziele des Fahrplans besteht darin, „einen gemeinsamen methodischen Ansatz festzulegen, damit die Mitgliedstaaten und der Privatsektor ihre Umweltbilanz in Bezug auf Erzeugnisse, Dienstleistungen und Unternehmen auf der Grundlage einer umfassenden Bewertung der Umweltauswirkungen während des gesamten Lebenszyklus bewerten, anzeigen und vergleichen können“ (50).

Der Europäische Rat hat die EU-Kommission aufgefordert, eine entsprechende Methodik zu entwickeln. Somit wurden entsprechende Methoden zur Ermittlung des Umweltfußabdrucks (Environmental Footprint, EF) von Produkten (P) und Organisationen (O) ins Leben gerufen mit dem Ziel, eine einheitliche europäische Methodik für Studien zur Berechnung des Umweltfußabdrucks zu entwickeln, die durch Zugrundelegung eines Lebenswegkonzepts eine breitere Palette relevanter Umweltleistungskriterien abdecken kann (50). In diesem Abschnitt wird auf den produktbezogenen PEF fokussiert, während der entsprechende OEF (Organizational Environmental Footprint) ein Beispiel einer organisationbezogenen Ökobilanz (siehe Kapitel 4.5.4) darstellt.

Als potenzielle Anwendungsgebiete für die PEF-Methode und entsprechender PEF-Ergebnisse nennt die EU-Kommission (50):

- Optimierung von Prozessen entlang des Lebenswegs eines Produktes,
- Förderung eines Produktdesigns, das die Umweltauswirkungen entlang des Produktlebenswegs minimiert,
- Offenlegung von Informationen über die Umweltleistung von Produkten entlang ihres Lebenswegs (z. B. durch den Produkten beigefügte Informationsblätter, Websites und Apps) durch einzelne Unternehmen oder im Rahmen freiwilliger Regelungen,
- Regelungen für Umweltaussagen, vor allem in Bezug auf die Stichhaltigkeit (Robustheit) und Vollständigkeit dieser Aussagen,
- Reputationsförderungsprogramme zur „Sichtbarmachung“ von Produkten, deren Umweltleistung auf Basis des Lebenswegs berechnet wird,
- Ermittlung signifikanter Umweltauswirkungen zwecks Festlegung von Umweltzeichenkriterien,
- gegebenenfalls Schaffung von Anreizen auf Basis der Umweltleistung eines Produkts entlang seines Lebenswegs (soweit relevant).

Der Product Environmental Footprint verfolgt methodisch den Ansatz „comparability over flexibility“, d.h. er bezweckt die Vereinheitlichung bestehender Methoden zur Ökobilanz-gestützten Bewertung von Produkten und Organisationen, um eine bessere Vergleichbarkeit von Produkten zu erreichen. Die Entwicklung der Methode begann im März 2011 mit der Analyse bestehender Methoden, wie den ISO-Standards, speziell ISO 14044, ISO 14067, ISO 14025 sowie ISO 14020, dem ILCD (International Reference Life Cycle Data System) Handbook, dem Ecological Footprint, dem Greenhouse Gas Protocol, den „General principles for an environmental communication on mass market products“ BPX 30-323-0 und den „Specifications for the assessment of the life cycle greenhouse gas emissions of goods and services“ (PAS 2050). Im April 2013 veröffentlichte die EU-Kommission die im Folgenden als PEF-Guide bezeichnete „Recommendation: Product Environmental Footprint Method“ (50).

Seit November 2013 laufen nun dreijährige Pilotstudien, um produktgruppenspezifische Regeln (Product Environmental Footprint Category Rules – PEFCRs) zu erstellen und zu validieren sowie Performance-Benchmarks zu entwickeln. Außerdem sollen geeignete Verifizierungssysteme identifiziert bzw. entwickelt und validiert werden sowie verschiedene Möglichkeiten der Kommunikation von business-to-business (B2B) und business-to-consumer (B2C) untersucht werden.

Während die grundsätzliche Zielrichtung des PEF in Deutschland sowohl von der Industrie als auch der Umweltpolitik unterstützt wird, sind beide Seiten gleichermaßen kritisch bezüglich der vorgeschlagenen Methode und der aktuell absehbaren Umsetzung. Es ist derzeit unklar, ob der vorgeschlagene Ansatz die genannten politischen Ziele tatsächlich unterstützt oder diese ggf. konterkariert, da die laufenden Diskussionen und die handwerklich schlechte Qualität des PEF durchaus auch eine Gefahr für die zukünftige Nutzung von Ökobilanzen darstellen können.

Wesentliche Kritikpunkte an der PEF-Methode sind, dass sie in Widerspruch zu einigen Kernanforderungen der ISO 14044 steht. PEF ist damit kein Kompromiss bestehender Standards, sondern eher ein neuer, eigener, von EU-typischem Bürokratismus geprägter Standard. PEF erlaubt beispielsweise die Gewichtung verschiedener Umweltauswirkungen für vergleichende Aussagen an Dritte, was im Widerspruch zu ISO 14040/44, ISO 14025 und ISO/TS 14072 steht. Im PEF werden Wirkungsabschätzungsmethoden vorgeschrieben, die ungeeignet und nicht erprobt sind (z.B. Wasserverbrauch, Landnutzung). So ergibt beispielsweise die Anwendung der im PEF vorgeschlagenen Methode zum Water Footprint, dass Deutschland mit

910 eco points/m^3 rund 40-fach wasserknapper als Australien mit 23 eco points/m^3 ist. Auch Spanien hat nach PEF mehr Wasserstress als Deutschland. Die Anwendung solch offensichtlich irreführender Methoden gefährdet potenziell nicht nur die Glaubwürdigkeit des PEF, sondern von LCA-Ergebnissen insgesamt.

Bislang fehlt auch jeder Konsens, wie die PEF-Ergebnisse später kommuniziert werden sollen und wie PEF sich mit den existierenden Umweltkennzeichnungssystemen verträgt. In einem ersten Papier der EU-Kommission wird eine breite Palette an Kommunikationsvehikeln zum Test in den Pilotstudien aufgeführt. Die ausgewählten Vehikel sind in drei Abschnitte unterteilt: beim Produktkauf, nach dem Produktkauf und außerhalb der Verkaufsstelle. Die Nutzung folgender Vehikel wird beim Produktkauf vorgeschlagen: Performance Label mit/ohne QR-Code, Performance Improvement Label, Barcodes, Information am Regal, Piktogramm, Produktwerbung im Geschäft und Produktdeklaration/Produktpass (B2B). Nach dem Produktkauf (an der Kasse) könnten folgende Vehikel Anwendung finden: Informationen auf dem Kassenbon, Rechnungen (B2B), Loyalty Schemes („Treue-/Bonusprogramm“) und Produktinformationsmaterial (z. B. Kataloge). Außerhalb der Verkaufsstelle können Benutzerhandbücher, Informationen auf Websites oder Apps von Produzenten oder auch Dritten, Werbekampagnen zum Nutzerverhalten, Werbekampagnen für Produkte und Berichte über das Produkt genutzt werden.

Die wesentlichen Kriterien für den Erfolg des PEF-Ansatzes, nämlich Konsistenz zwischen den Piloten, die Formulierung eines „klaren Ziels“ und ein Mehrwert im Vergleich zu existierenden Methoden und Kennzeichnungssystemen werden derzeit nicht erfüllt, da

- große Inkonsistenzen zwischen den PEFCR-Entwürfen bestehen,
- Ziele/Anwendungsfelder weder explizit noch transparent dargestellt sind,
- ein Mehrwert gegenüber existierenden Systemen, wie z. B. PCRs oder Ökobilanzen nach ISO 14044, derzeit nicht erkennbar ist und
- viele Entscheidungen, z. B. Festlegung des Ziels oder Umgang mit Allokationen, auf später verschoben werden, jedoch gerade jetzt relevant sind.

Als Beispiele für die Inkonsistenzen der in den Piloten bisher zusammengestellten PEFCRs werden hier exemplarisch die Definition der Produktkategorien und CPA/NACE-Codes, die Definition der funktionellen Einheit, die Festlegung des repräsentativen Produktes und der Materialzusammensetzung (bill of material) sowie die Definition der Systemgrenzen aufgeführt. Die CPA/NACE-Codes zur Definition der

Produktgruppen basieren je nach Produkt willkürlich auf vier-, fünf- oder sechsstelligem Detaillierungsgrad. Teilweise werden weitere Untergruppen definiert, wenn die Produkte der gewählten Kategorie zu unterschiedlich sind (z. B. im Papier-Pilot). Kategorien sind teilweise sehr speziell und eingeschränkt (z. B. Waschmittel-Pilot) oder auch sehr breit und unspezifisch (z. B. Papier-Pilot). Das CPA/NACE-Klassifizierungssystem – ursprünglich gedacht zur Unterstützung der Vergleichbarkeit – hat hier lediglich noch den Charakter eines „Ablagesystems".

Die Definition der funktionellen Einheit folgt meist nicht den Anforderungen des PEF Guide, denn sie basiert variierend auf Masse, Stückzahl, Fläche, Gewicht oder Funktionalität. Allerdings werden wesentliche Funktionalitätsaspekte oft vernachlässigt. Ob das repräsentative Produkt auch als Basis für die Definition der Benchmarks/Performance-Klassen genutzt werden soll, ist nicht transparent dargestellt. Die Materiallisten vernachlässigen z. T. wichtige Elemente, was im Widerspruch zum „Cut-off Verbot" steht. Bei den Systemgrenzen herrscht noch nicht einmal bezüglich der Lebenszyklusphasen eine konsistente Behandlung vor. So wird die Nutzungsphase im T-Shirt-Pilot fixiert und auch der Wasserverbrauch im Waschmittel-Pilot berücksichtigt, nicht aber im Wasserleitungs-Pilot. Kapitalgüter und Infrastruktur sowie wichtige Umweltbelastungspfade werden bei einzelnen Piloten einfach weggelassen (z. B. die Ausscheidungen des Tieres und das Tier selbst beim Tierfutter-Pilot), während bei anderen Piloten diskutiert wird, ob mehr als randständige Aspekte, wie die Einkaufsfahrt oder die Anzahl und die Reinigung der Gläser beim Pilot zu Wein, als Teil des Produktsystems mitbetrachtet werden sollten.

Ein kürzlich vom Bundesverband der Deutschen Industrie (BDI) veröffentlichtes Positionspapier (51) macht auf einer detaillierten, neun Seiten umfassenden Stellungnahme sehr deutlich, wie der Stand des PEF verbessert werden muss. In der Zusammenfassung wird ausgeführt, dass die Industrie grundsätzlich Methoden unterstützt, die zur Weiterentwicklung von Lebenszyklus-Analysen beitragen, sofern sie in einem ausgewogenen Kosten-Nutzen-Verhältnis stehen und relevante Ergebnisse für Umwelt und Verbraucher erzielen:

„Nach den bisherigen Erfahrungen mit den produktspezifischen Pilotprojekten sind jedoch gravierende methodische Mängel des PEF-Konzeptes deutlich geworden. Der PEF favorisiert die Vergleichbarkeit gegenüber der Genauigkeit, was zu einer Fülle generischer Annahmen sowie unklaren Definitionen von Systemgrenzen führt und die vermeintliche Aussagefähigkeit und Übertragbarkeit der PEF-Pilotprojekte einschränkt. Das eigentliche Ziel der EU-Kommission, anhand der Pilotprojekte zu prüfen und zu diskutieren, ob ein

PEF die Qualität der Information für Kunden erhöht, ist damit bereits jetzt stark eingeschränkt, wenn nicht sogar verfehlt. Vielmehr kann eine ‚ideale' Vergleichbarkeit über den gesamten Lebenszyklus durch einen statischen ‚one size fits all'-Ansatz des PEF nicht erfüllt werden. Vor diesem Hintergrund ist unklar, ob der PEF-Ansatz die bisherigen politischen Ziele der Europäischen Kommission grundsätzlich unterstützen kann, da bereits in der Pilotphase deutlich wird, dass die PEF-Methodik viele Unzulänglichkeiten aufweist. Mit dem derzeitigen PEF-Ansatz erreicht die EU-Kommission mit Blick auf die bestehenden Instrumente zur umweltbezogenen Produktinformation keine Verbesserungen gegenüber dem Ist-Status und damit keinen konsistenten und sinnvoll umsetzbaren Mehrwert. Damit der PEF ein aussagekräftiges, freiwilliges sowie international akzeptiertes Instrument für eine umweltbezogene Bewertung von Produkten werden könnte, muss also noch an vielen methodischen Details intensiv gearbeitet und nachgebessert werden (51)."

Bezüglich der wesentlichen Kritikpunkte stimmt der BDI mit der Position der deutschen Umweltpolitik überein und führt in seinem Positionspapier explizit aus: „In einem Positionspapier der Technischen Universität (TU) Berlin vom 17. Januar 2014, das im Auftrag des Bundesministeriums für Umwelt, Naturschutz, Bau und Reaktorsicherheit (BMUB) sowie dem Umweltbundesamt (UBA) entstanden ist, wurde auf gravierende methodische Mängel der aktuellen vom Joint Research Center der Europäischen Kommission (JRC) am 17. Dezember 2012 veröffentlichten Methode zur Erfassung von PEFs hingewiesen. Dieser Stellungnahme hat sich der BDI inhaltlich angeschlossen (51)."

Es ist im Moment noch völlig unklar, welche spätere Umsetzung und Implementierung der Generaldirektion Umwelt für den PEF vorschwebt und wie sie das ggf. durchsetzen kann. Dennoch wird der PEF-Prozess sicher Auswirkungen auf Unternehmen haben. Es bleibt zu hoffen, dass die EU-Kommission deutliche Fortschritte bei der Methode erzielt und weitere Kollateralschäden vermeidet. Die beiden Normen ISO 14040 und ISO 14044 stellen die globale „Verfassung" von Ökobilanzen dar. Diesen einstimmigen, globalen Konsens zu verlassen, wird am Ende weniger Harmonisierung erzeugen als vorher vorhanden war. Die Kommunikation zum Konsumenten ist die denkbar schwierigste Option für die Politik-Implementierung von Ökobilanzen. Ein Scheitern ist damit nicht ausgeschlossen und dient dann gar der Politik als Ausrede für eine in ihrem Sinne zweckdienliche Nutzung von Ökobilanzen, obwohl es eine Vielzahl einfacherer und robusterer Einsatzfelder gäbe (z. B. Energie-Effizienz-Label, CO_2- und Abgasregularien bei Automobilen, diverse Abfallgesetze, Stoffverbote etc.).

Die vom PEF vorgenommene „Gleichmacherei“ bei Werthaltungen und die Priorisierung einzelner Umweltauswirkungen können zu falschen Anreizen führen. Somit können Ökobilanzen nach PEF unter Umständen zu weniger realer Umweltentlastung führen als die unternehmensinterne Anwendung von heute. Ökobilanzen hatten sich nach vielen Jahren als seriöses und robustes Werkzeug zur faktenbasierten Entscheidungsunterstützung etabliert. Die durch den PEF getriebene Politisierung der Methode statt einer weiteren Objektivierung erscheint da wie ein Rückfall in die Vergangenheit. Es ist höchste Zeit, Ökobilanzen ernsthaft und zielführend in der Umweltpolitik zu implementieren. Damit der PEF nicht scheitert, muss er dringend handwerklich und grundsätzlich verbessert werden. Dazu wird auch eine realistische und zielführende Festlegung benötigt, wie und für was der PEF genutzt werden soll. Die Implementierungsziele müssen äußerst zeitnah festgelegt werden. Sonst ist die Methode am Ende nur ein sehr schlechter Kompromiss, der sich für keine einzige Anwendung eignet.

4.5.8 Water Footprint

Wasser stellt als lebensnotwendige und nicht substituierbare Ressource ein Schutzgut dar, welches aufgrund von Urbanisierung, Industrialisierung und wirtschaftlicher Entwicklung immer stärker in Anspruch genommen wird. Die Ursachen liegen neben dem direkten Konsum von Wasser vor allem in der durch industrielle, landwirtschaftliche und menschliche Aktivitäten verursachten indirekten Nutzung. Von den globalen Wasserreserven sind nur 2,5 Prozent nutzbares Süßwasser und dieses ist regional sehr unterschiedlich verteilt. Wasserknappheit ist global gesehen das akuteste Umweltproblem, da 1,2 Milliarden Menschen in wasserknappen Gebieten leben und weitere 1,6 Milliarden Menschen unter ökonomischer Wasserknappheit leiden. Wasserknappheit führt in den betroffenen Teilen der Welt zu verschiedenen Problemen wie beispielsweise zur Unterernährung infolge fehlender Beregnung in der Landwirtschaft, zu Infektionskrankheiten infolge unzureichender Trinkwasserqualität oder zur Schädigung von Ökosystemen infolge reduzierter Artenvielfalt. Da der Wasserbedarf zudem doppelt so schnell wie die Weltbevölkerung wächst, ist ein nachhaltiges Wassermanagement unbedingt notwendig. Dies soll mit der Einführung des Water Footprint (Wasserfußabdruck) für Produkte gefördert werden, indem zur Entscheidungsunterstützung von Unternehmen und Verbrauchern der Wasserverbrauch und dessen Auswirkungen entlang des Lebenszyklus berechnet werden.

Zunächst gilt es auch hier, die Terminologie auseinanderzuhalten. Die als Wassernutzung oder -gebrauch bezeichnete Wassermenge ist das direkt oder indirekt für einen Prozess benötigte Wasser. Es ist also die gesamte Menge Wasser, die als Input in das System eingeht. Der Wasserverbrauch bezieht sich hingegen nur auf den Teil der Wassernutzung, der als Verlust von Grundwasser oder Oberflächengewässern im jeweiligen Wassereinzugsgebiet entsteht. Dies entspricht also dem Wasserinput minus den Wasseroutput. Entstehen keine Verluste, existiert demzufolge kein Wasserverbrauch. Verluste entstehen sowohl durch Verdunstung oder Produktintegration (z. B. enthaltenes Wasser in Agrarprodukten) als auch durch Abfluss in andere Einzugsgebiete oder ins Meer.

Das sogenannte „virtuelle Wasser“ ist die Gesamtmenge an Wasser, die während des Lebenszyklus eines Produktes verdunstet, verbraucht oder verschmutzt wird. Es unterteilt sich in blaues, grünes und graues Wasser. Als blaues Wasser wird das Oberflächen- und Grundwasser bezeichnet, also das Wasser aus Süßwasserseen, Flüssen und Grundwasserleitern. Als „Blue Water Footprint“ wird somit das Süßwasservolumen bezeichnet, welches dem Oberflächen- und Grundwasser entnommen wird, verdunstet oder direkt in das Produkt eingeht und deshalb nicht wieder in dasselbe Einzugsgebiet fließt, dem es zuvor entnommen wurde.

Das grüne Wasser ist das pflanzenverfügbare Bodenwasser. Der „Green Water Footprint“ beschreibt das Volumen an Regenwasser, welches während der Produktion verbraucht wird und sich über die Evapotranspiration von Böden und Pflanzen berechnen lässt. Der Green Water Footprint ist daher für den Agrarsektor besonders relevant, nicht hingegen für den Industriesektor. Da das grüne Wasser nur für Pflanzen und nicht für Menschen verfügbar ist, wird um die Relevanz einer solchen Kategorie gestritten.

Schließlich stellt das graue Wasser das verschmutzte Wasser im Produktlebenszyklus dar. Der „Grey Water Footprint“ beschreibt diejenige Wassermenge, die zur Verdünnung des verschmutzten Wassers erforderlich wäre, um allgemeingültige Grenzwerte für die Wasserqualität einzuhalten. Kritisch ist jedoch, dass der Verbrauch von grauem Wasser letztlich von den zugrunde gelegten Qualitätsstandards abhängig ist. Je strenger diese sind, desto größer ist demzufolge der graue Wasserverbrauch. Damit ergibt sich für jede Emission – abhängig vom Grenzwert – ein anderer grauer Wasserverbrauch.

Beim virtuellen Wasser und der Water Footprint-Methode des Water Footprint Networks (16) werden die Water Footprint-Werte des blauen, grünen und grauen Wassers ungewichtet addiert. Das impliziert eine Gleichwertigkeit der einzelnen Water Footprints bzw. die Substituierbarkeit von grauem, blauem und grünem Wasser. Während grünes Wasser nach Ansicht der Autoren durch blaues Wasser ersetzt werden kann, gilt das umgekehrt nicht. Von daher ist die einfache Addition der Werte wissenschaftlich nicht seriös.

Noch kritischer ist, dass die alleinige Angabe der verbrauchten Wassermenge noch keine Schlüsse über die daraus resultierenden Konsequenzen für Mensch und Natur zulässt. Ein Kubikmeter Wasser im Sudan hat dort für Mensch und Natur eine ganz andere Relevanz als ein Kubikmeter Wasser in Deutschland. Deshalb berücksichtigen moderne und dem Stand der Wissenschaft entsprechende Water Footprint-Methoden auch nicht nur das Volumen des Wasserverbrauchs, sondern modellieren mit Charakterisierungsmodellen auch die Wirkung auf Mensch und Umwelt. Dazu werden regional aufgelöste Daten benötigt, welche die lokale Wasserknappheit, die lokale Sensitivität der Bevölkerung (z. B. können Schäden bei gleicher physischer Wasserknappheit eher in Regionen mit Wohlstand und guter medizinischer Versorgung kompensiert werden als in armen Regionen), die lokale Sensitivität von Ökosystemen, die genutzte Gewässerart, die Wasserqualität und den Zeitpunkt der Wassernutzung (Regen-/Trockenzeit) berücksichtigen.

Das folgende Beispiel eines von der TU Berlin erstellten Water Footprint von Milch soll einzelne der oben genannten Aspekte noch einmal verdeutlichen. Wasser wird in den unterschiedlichen Lebenswegabschnitten der Milchproduktion durch verschiedene Prozesse verbraucht. Zum einen wird es in den Vorketten wie zum Beispiel für die Herstellung von Futtermitteln oder Verpackungen und während der Entsorgungsprozesse oder bei der Behandlung von Abwässern eingesetzt, zum anderen geht Wasser aber auch direkt durch innerbetriebliche Prozesse wie das Putzen der Ställe verloren. Hier wird nur der Lebenswegabschnitt Produktion untersucht. Dieser enthält die Vorketten zum Futtermittelanbau und den direkten Wasserverbrauch im Betrieb.

Die Funktionelle Einheit ist „ein Liter Rohmilch“. Der geografische Bezugsrahmen ist auf Deutschland festgelegt, wobei drei repräsentative Produktionssysteme untersucht werden:

- ein Hochleistungssystem mit 10 000 Liter Milch pro Kuh im Jahr,
- ein durchschnittliches System mit 8 000 Liter Milch pro Kuh im Jahr und
- ein kleinbäuerliches System mit einer geringeren Anzahl von Kühen mit 6 000 Liter Milch pro Kuh im Jahr.

Je nach Standort des Betriebes kommen unterschiedliche Grob- und Kraftfuttermittel zum Einsatz. Im Süden Deutschlands, wo es mehr Weiden gibt, grasen die Tiere im Sommer viel im Freien und bekommen im Winter vor allem Grassilage als Grobfuttermittel verfüttert. Im Norden, wo es weniger Grasland gibt, wird deshalb vermehrt Maissilage im Grobfuttermittel eingesetzt. Die drei in Deutschland meist verbreiteten Szenarien für den Grobfuttermitteleinsatz sind:

- Grassilage: Einsatz von 100 % Grassilage
- Maissilage: Einsatz von 75 % Maissilage und 25 % Grassilage
- Misch-System: Einsatz von 50 % Grassilage und 50 % Maissilage

In allen drei Szenarien wird zusätzlich noch Heu und Stroh verfüttert. In Abhängigkeit vom System und den verschiedenen Szenarien entstehen neun unterschiedliche Futtermittelzusammensetzungen. Der Einsatz der Kraftfuttermittel hängt stark von den Begebenheiten der Produzenten (lokaler Anbau von Kraftfutterpflanzen, Zukauf von Kraftfuttermittelkomponenten oder fertigen Mischungen), den Marktpreisen und dem Grobfuttersystem ab. Es wurden die 16 gängigsten Kraftfuttermittelkomponenten identifiziert und aufbauend auf ihren spezifischen Protein- und Kohlenhydratgehalten in zwei typische Kraftfutterzusammensetzungen eingeteilt, die als KFM 1 (Kraftfuttermischung 1) bzw. KFM 2 (Kraftfuttermischung 2) bezeichnet werden.

In Bild 32 sind ausgewählte Ergebnisse der Studie dargestellt. In der oberen Grafik ist der Wasserverbrauch in Litern pro Liter Rohmilch zu sehen, in der mittleren Grafik ein wirkungsorientierter Indikator, der den Effekt auf die menschliche Gesundheit quantifiziert, und in der unteren Grafik ist ein wirkungsorientierter Indikator zum Effekt auf die natürlichen Ressourcen dargestellt.

Der in Bild 32 dargestellte Wasserverbrauch setzt sich aus grauem und blauem Wasser zusammen. Grünes Wasser wird aufgrund seiner unklaren Bedeutung und wegen der deshalb fehlenden Berücksichtigung in wirkungsorientierten Charakterisierungsmodellen hier weggelassen. Es wird deutlich, dass im 10 000-Liter-System pro Liter Milch die geringsten Mengen an Wasser und im 6 000-Liter-System die höchsten Mengen benötigt werden. Dies gilt für alle betrachteten Szenarien. Weiterhin fällt auf, dass die Grassilage einen deutlich geringeren Water Footprint hat als die Maissilage, wobei sich das Misch-System nachvollziehbarerweise in der Mitte einordnen lässt.

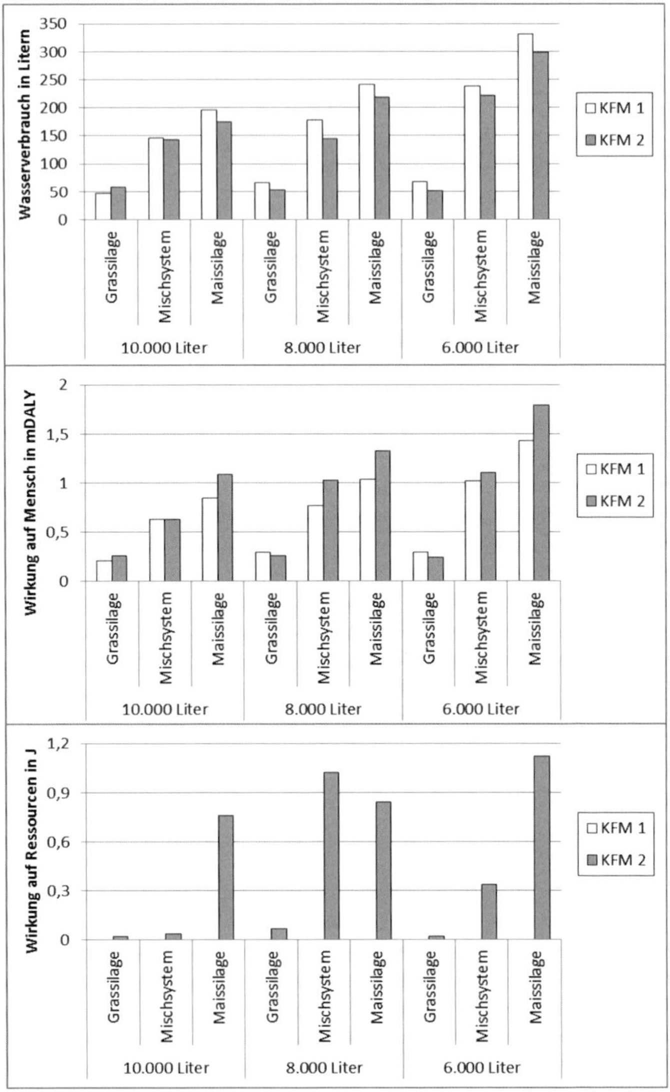

Bild 32: Volumen- und wirkungsbezogener Water Footprint für Produktionssysteme von Milch

Der Anteil des grauen Wasserverbrauchs am Gesamtwasserverbrauch ist um ein Vielfaches größer als der des blauen Wasserverbrauchs (der Anteil des blauen Wassers liegt im Bereich von

5–10 Prozent). Das blaue Wasser setzt sich neben dem Wasserverbrauch für die Bewässerung der Futterpflanzen auch mit dem Wasser zum Putzen der Ställe, zum Trinken für die Kühe und innerhalb des Betriebes zusammen. Zusätzlich wird Wasser in der Vorkette zur Herstellung von elektrischer Energie verbraucht, die für das Melken benötigt wird. Das graue Wasser entsteht vor allem durch das Auswaschen der Düngemittel, Pflanzenschutzmittel und Insektizide aus dem Boden. Dies ist auch ein wesentlicher Grund, weshalb die Grassilage so günstig abschneidet. Auf Grasflächen werden üblicherweise keine Düngemittel eingesetzt, wohingegen beim Anbau von Mais Düngemittel auf Böden aufgebracht werden. In der Produktion entsteht kein zusätzliches graues Wasser, da davon ausgegangen werden kann, dass am Standort Deutschland die rechtlichen Vorschriften eingehalten werden und das Abwasser in einer Kläranlage aufbereitet wird, bevor es wieder in einen Vorfluter gelangt.

Wie oben ausgeführt, ist zur Bewertung des Water Footprint eine ausschließliche Betrachtung auf Literebene wenig sinnvoll, es muss zusätzlich die jeweilige Wirkung auf Mensch und Umwelt betrachtet werden. In der mittleren und unteren Grafik sind deshalb exemplarisch zwei wirkungsorientierte Indikatoren nach einer an der ETH Zürich entwickelten Methode dargestellt (52).

In der mittleren Grafik ist eine Abschätzung der Wirkung auf die menschliche Gesundheit in sogenannten DALYs (engl. Disability Adjusted Life Years) dargestellt. Nähere Details zu dieser etwas seltsam klingenden Einheit sind hier nicht weiter von Bedeutung. Das grundsätzliche Ergebnismuster, dass nämlich Grassilage in allen Systemen am besten abschneidet, weil die Menge der importierten Futtermittel am geringsten ist und weil das Futtermittel Gras keinen signifikanten blauen und grauen Wasserverbrauch hat, bleibt auch hier erhalten. Das Szenario Maissilage hat in allen Systemen die größten Auswirkungen. Allerdings wird hier überaus deutlich, dass die Zusammensetzung des Kraftfuttermittels einen großen Einfluss auf das Ergebnis hat.

Während bei der rein volumetrischen Betrachtung bei der KFM 1 höhere Verbräuche entstehen (mit Ausnahme der Grassilage beim 10 000-Liter-System), dreht sich diese Reihenfolge bei der Maissilage und beim Mischsystem um, indem KFM 2 zu einem höheren Water Footprint führt. Dies lässt sich durch die Futtermittelzusammensetzung erklären, die bei KFM 1 ausschließlich aus in Deutschland angebauten Futtermitteln besteht. In Deutschland ist die Wahrscheinlichkeit gering, dass durch eine Wasserentnahme die Verfügbarkeit an sauberem Trinkwasser abnimmt und es zu Gesundheitsschäden durch Infektionskrankheiten oder Mangelernährung kommt. Bei

KFM 2 wird entsprechend mehr an importierten Kraftfutterkomponenten eingesetzt. Dabei weisen importierte Sojaschrote aus Argentinien, Brasilien und der Ukraine die größten Auswirkungen auf.

Noch deutlicher werden die Unterschiede einer volumetrischen und wirkungsorientierten Betrachtung in der unteren Grafik von Bild 32. Bei Auswertung der Auswirkung auf die Frischwasser-Resourcenverfügbarkeit (hier gemessen in Joule als sogenannte Surplus Energy) unterscheidet sich das Ergebnismuster doch deutlich vom Wasserverbrauch in Litern. Grassilage und alle Systeme mit KFM 1 führen zu praktisch keinen signifikanten Auswirkungen mehr. Dies liegt daran, dass dort Grob- und Kraftfutter aus Deutschland kommen. In Deutschland entsteht aber durch den Verbrauch von Wasser kein Schaden an Ressourcen, deswegen wird diese Wirkungskategorie nahezu ausschließlich von den importierten Kraftfuttermitteln bestimmt. Für alle drei Systeme hat das Szenario Maissilage einen großen Einfluss auf das Ergebnis, ebenso ist der hohe Wert des 8 000-Liter-Mischsystems auffällig. Dies ist auf die jeweilige Zusammensetzung des Kraftfuttermittels zurückzuführen.

4.6 Anwendung von ISO/TR 14062 in der chemischen Industrie

Der nachfolgende Text entstammt im Wesentlichen der Arbeitsgruppe „Produktverantwortung“ des VCI (3).

A Der Design-/Entwicklungsprozess im Rahmen der Geschäftsaktivitäten

Die erfolgreiche Entwicklung neuer Produkte und der entsprechenden Herstellungsverfahren setzt profunde Kenntnisse des Marktes, der Anwendungs- und Kundentechnologien und der Technologien des Herstellungsverfahrens einschließlich der „Besten verfügbaren Techniken“ voraus. Der Design-Prozess läuft im Unternehmen nicht isoliert ab, sondern ist mit anderen Abläufen des Unternehmens verbunden. In vielen Unternehmen ist der Design-Prozess Teil des Managementsystems (siehe auch Kapitel 3.1.3 zu ISO 14006). Unter einem Produkt sind dabei sowohl Verbraucherprodukte als auch Zwischenprodukte für die Weiterverarbeitung zu verstehen. Der Prozess zur Produkt- und Verfahrensentwicklung gliedert sich in Anlehnung an ISO/TR 14062 in vier Phasen:

- Vorprojekt
- Entwicklung
- Entscheidung über Investition und Markteinführung
- Markteinführung und -beobachtung

Umweltaspekte sollten zu einem möglichst frühen Zeitpunkt in den Design-Prozess integriert werden. Die Erfahrungen der Unternehmen zeigen, dass eine verspätete Berücksichtigung von Umweltaspekten häufig zu einer erheblichen Kostensteigerung beiträgt oder gar die Marktchancen verringert.

Erläuterungen für einen erfolgreichen Design-Prozess B

Die vier oben genannten Phasen bestehen in der Praxis aus einer Vielzahl von spezifischen Schritten.

Vorprojekt B.1

Prozessschritt „Idee" B.1.1

Wesentliche Auslöser, um Produkte und Herstellverfahren zu ändern oder neue Produkte zu entwickeln, können sein:

- Erfindungen und Ideen der Mitarbeiter;
- Anforderungen des Kunden/Marktes;
- Unternehmensziele zur Verminderung der Umweltauswirkungen durch Produkt, Einsatzstoffe und Herstellverfahren;
- veränderte Gesetzeslage;
- Erfahrungen aus internen oder externen Audits, von Lieferanten und von Verfahrensanbietern.

Die daraus entstehenden Ideen sind systematisch zu überprüfen und zu bewerten auf Marktaussichten, die Patent- und Wettbewerbssituation, Standortfaktoren und die Wirtschaftlichkeit.

Prozessschritt „Lastenheft" B.1.2

Im Lastenheft werden die Anforderungen an das neue Produkt auf Basis der Ideenentwicklung definiert. Wichtige Inhalte sind z. B.:

- Kosten und Preis
- Marktanteile
- zu übertreffendes Konkurrenzprodukt
- einzusetzende Technologien
- Umwelteigenschaften

BEISPIEL
Klinisches Diagnostikgerät: Reduktion des Ressourcenverbrauchs

Ein Unternehmen der chemischen Industrie hatte sich zum Ziel gesetzt, den Ressourcenverbrauch während der Nutzungsphase ihres klinischen Diagnostikgerätes zu reduzieren, das für Blutuntersuchungen eingesetzt wird. Durch diese Produktentwicklung gelang es dem Unternehmen, das erforderliche Probenvolumen pro Analyse zu verringern, was wiederum zu einer Reduktion des

Verbrauchs an Wasser und Chemikalien um 50 % im Vergleich zu marktüblichen Geräten führte. Durch einen höheren Automatisierungsgrad konnten der Personalaufwand für die Analyse reduziert und die Arbeitshygiene erhöht werden. Diese Innovation berücksichtigt damit die sozialen, ökonomischen und ökologischen Aspekte der Nachhaltigkeit.

B.2 Entwicklung

Im ersten Schritt dieser Phase werden Roh- und Hilfsstoffe und in den weiteren Schritten die Zulieferer ausgewählt, das Produkt und seine Verwendung, die Produktion/Fertigung sowie die Verpackung, Lagerung und der Transport bewertet.

B.2.1 Prozessschritt „Auswahl der Roh- und Hilfsstoffe"

Kriterien zur Auswahl der Roh- und Hilfsstoffe können sein:

- Stoffeinschränkungen: Bei der Herstellung, Vermarktung, Verwendung und Verwertung/Entsorgung des chemischen Produkts und der Produkte der weiterverarbeitenden Industrie sind Stoffeinschränkungen zu beachten. Beispiele dafür sind gesetzliche Vorgaben und Konformitätserklärungen, freiwillige Selbstverpflichtungen des Unternehmens oder der Branche sowie spezifische Kundenanforderungen.
- Risikomanagement: Die Risiken der Verwendung eines Stoffes hängen sowohl von seinen intrinsischen Eigenschaften als auch von der Exposition ab. Die Bereiche Arbeitssicherheit, Gesundheitsschutz, Abwasser, Abluft, Abfall, Transport, Verpackung, Lagerung, Handhabung werden bezüglich möglicher Risiken bewertet. Abhängig von den Ergebnissen werden ggf. Maßnahmen ergriffen.

BEISPIEL

Umweltschonende und effiziente Pflanzenschutzmittel

Bevor einem Pflanzenschutzmittel die Zulassung erteilt wird, unterliegt es einer Vielzahl verschiedenster Entwicklungsschritte. Dazu zählt unter anderem der Herstellungsprozess. Der biologisch aktive Wirkstoff muss, bevor er sich gegen Schaderreger an einer Kulturpflanze anwenden lässt, mit verschiedenen Hilfsstoffen zum fertigen Produkt formuliert werden.

Das Wissen um die für die Praxis geeignete Formulierung entstammt dem intensiven Dialog des Herstellers mit den Landwirten, Agrarwissenschaftlern und staatlichen Einrichtungen. Nur so ist gewährleistet, dass ein Mittel neben optimaler Wirkung gegen den zu bekämpfenden Schaderreger auch alle Kriterien des Schutzes von Anwender, Verbraucher und Umwelt erfüllt.

Als Beispiel moderner Anwendung von Pflanzenschutzmitteln sei die Saatgutbehandlung genannt. Mit ihr ist es heute möglich, nicht mehr nur Krankheiten der Kulturpflanzen (vor allem Getreide) wirkungsvoll zu bekämpfen, sondern auch Schädlinge wie Insekten in den empfindlichen Jungstadien z. B. von Baumwolle, Mais und Reis. Dabei wird das Mittel – meistens in großtechnischen Anlagen – direkt an das Samenkorn gebracht. Im Vergleich zur flächendeckenden Spritzapplikation des Feldes kommen bei der Saatgutbehandlung nur noch ca. 0,6 % der Ackerfläche mit dem Wirkstoff in Berührung.

Furchenapplikation mit Granulaten oder Stammapplikation z. B. in Zitrusplantagen sind ebenfalls Methoden, mit denen das Mittel gezielt zur Kulturpflanze gebracht wird. Dafür werden spezielle Formulierungen entwickelt. Bevorzugt sind solche, die auf Wasser basieren und keine organischen Lösungsmittel mehr enthalten, ebenso „Slow release"-Formulierungen, die den Wirkstoff langsam über einen längeren Zeitraum freisetzen.

Der gezielte und effiziente Einsatz von Pflanzenschutzmitteln mit anwender- und umweltschonenden Formulierungen, die neuesten wissenschaftlichen Erkenntnissen entsprechen, reduziert nicht nur Belastungen auf das vertretbare Mindestmaß. Er verbessert auch die Rentabilität der Landwirtschaft.

Prozessschritt „Zulieferer" B.2.2

Kriterien zur Auswahl der Zulieferer können sein:

- Preis;
- Qualität der Roh- und Hilfsstoffe;
- Liefersicherheit;
- Leistung im Bereich Umwelt-, Arbeits- und Gesundheitsschutz;
- Verpflichtung zu Menschenrechten und Kernarbeitsnormen der ILO (International Labour Organization).

Prozessschritt „Bewertung des Produktes" B.2.3

Kriterien zur Bewertung des Produktes und der Verwendung können sein:

- Kosten und Preis;
- Erfüllungsgrad der Anforderungen (Qualität);
- Kundenresonanz, Kundennutzen;
- Umweltauswirkungen und Sicherheitsaspekte während Herstellung, Gebrauch und Entsorgung/Recycling;

- Berücksichtigung des Lebenswegs und des Vorteils gegenüber etablierten eigenen Produkten bzw. des Wettbewerbs. Sinnvoll kann je nach Produkt und Anwendung eine vergleichende Ökoprofil-Studie oder eine Ökobilanz nach ISO 14040 ff. (siehe nachfolgend aufgeführte Beispiele) sein.

BEISPIEL
Ökoprofil-Studie, Anwendung

Um neue Produkte erfolgreich vermarkten zu können, müssen im Vergleich zu etablierten Produkten deutliche Vorteile nachweisbar sein. In vielen Anwendungsbereichen ist dabei neben Preis und Qualität auch die Ökologie ausschlaggebend. Dieser spezielle Punkt lässt sich mit einer „Ökoprofil"-Studie objektiv herausarbeiten, die bei einem renommierten unabhängigen Institut in Auftrag gegeben werden kann.

Zum Beispiel wurde für Flammschutzmittel eine vergleichende „Ökoprofil"-Studie erstellt, die zu dem Schluss kommt, dass die neuartigen Flammschutzmittel als in vieler Hinsicht umweltfreundlicher angesehen werden:

- das Flammschutzmittel selbst ist nicht toxisch und nicht bioakkumulierend,
- aus flammgeschützten Produkten entweichen keine flüchtigen Substanzen,
- im Fall eines Feuerereignisses entstehender Rauch weist eine niedrigere Toxizität im Vergleich zu Alternativen auf.

BEISPIEL
Ökologische Optimierung in der Produktkette – Ökobilanz zu Schwefelhexafluorid

Bei der Integration von Umweltaspekten in die Produkt- und Verfahrensentwicklung stellt die Ökobilanzierung ein wesentliches Hilfsmittel dar. Als Produkt-Ökobilanz (engl. *Life Cycle Assessment, LCA*) bezeichnet man eine systematische Zusammenstellung und Bewertung der Umweltwirkungen eines Produktes.

Das gesamte Produktsystem wird dazu von der Gewinnung der Rohstoffe über die Herstellung der Produkte und deren eigentliche Gebrauchsphase bis hin zur Entsorgung („von der Wiege bis zur Bahre") betrachtet.

Im Folgenden wird anhand einer Ökobilanz über den Einsatz von Schwefelhexafluorid (SF_6) als Isolier- und Löschgas in Mittelspannungsschaltanlagen der Energieverteilung erklärt, worauf es dabei ankommt.

Als Bezug der Ökobilanz ist der Nutzen des Produktes zu betrachten. Das Chemieprodukt SF_6 kann nur im Zusammenhang mit seiner Anwendung sachgerecht bewertet werden. So gehören zu einer zuverlässigen und gesicherten Stromversorgung die Übertragung und Verteilung von Strom in Netzen, die zum einen Kabel und Freileitungen und zum anderen Komponenten wie Transformatoren und Schaltanlagen umfassen. Um die Auswahl verschiedener Technologien für Schaltanlagen – SF_6-Isolierung gegenüber Luftisolierung – sollte es in der Ökobilanz gehen.

Die Ökobilanz wurde deswegen als gemeinsames Projekt von Netzbetreibern, Schaltanlagenherstellern sowie eines SF_6-Herstellers in Auftrag gegeben. Die enge Zusammenarbeit der Partner aus der gesamten Produktkette ist der wesentliche Erfolgsfaktor. Die Ökobilanz wurde gemäß der internationalen Normenreihe ISO 14040 ff. von einem Experten durchgeführt, wissenschaftlich begleitet und von einem unabhängigen Gutachter kritisch geprüft. Sie findet somit eine gute Akzeptanz im Markt.

Die Ergebnisse der Ökobilanz zum Vergleich zwischen luftisolierten und SF_6-isolierten Schaltanlagen zeigen, dass Strom-Wärme-Verluste den Beitrag zum Treibhauseffekt in diesem Gebiet dominieren. Diese Verluste in den Netzen sind vor allem auf Kabel, Leitungen und Transformatoren zurückzuführen. Schaltanlagen haben nur einen recht geringen Anteil. Zudem hat sich im Bereich der Schaltanlagen die Verwendung von SF_6 als Isolier- und Lichtbogenlöschmedium als ökologisch wettbewerbsfähig erwiesen.

Diese Resultate legen es nahe, die Auswahl der einzusetzenden Schaltanlagentechnologie den Netzbetreibern zu überlassen, die neben den in der Studie betrachteten Umweltaspekten auch Kriterien wie Wirtschaftlichkeit und Sicherheit in ihre Überlegungen einbeziehen. Es wird deutlich, wie durch die Ökobilanzierung Fehleinschätzungen von Umweltfaktoren vermieden werden können. Die Ökobilanz kann also eine verlässliche Grundlage für Planung und Entscheidungen in der Produktentwicklung bieten.

Prozessschritt „Produktion“ B.2.4

Kriterien zur Bewertung der Produktion können sein:

- Ressourcenverbrauch;
- Menge und Klassifizierung von Abluft, Abfall und Abwasser; stoffliche oder energetische Verwertbarkeit des Abfalls;
- Arbeitssicherheit und Gesundheitsschutz;
- Verfügbarkeit bestehender Anlagen bzw. eventuell notwendige Investition;

- Sozialfaktoren wie Arbeitszeiten, Schichtsysteme, Beschäftigungspolitik.

B.2.5 Prozessschritt „Verpackung, Lagerung und Transport"

Kriterien zur Bewertung der Verpackung, Lagerung und Transport können sein:

- Verpackungsregelungen, wie z.B. die EU-Verpackungsrichtlinie und die CEN-Normen (CEN: Comité Européen de Normalisation, Europäisches Normungsinstitut) für Verpackungen;
- Etikettierung gemäß Chemikalienrecht;
- Optimierung der Transportwege (Straße, Schiene, Luft) und Verkehrsmittel (Lkw, Binnenschiff, Seeschiff, Bahn, Flugzeug) unter Kosten- und Umweltaspekten;
- Lager- und Transportsicherheit.

B.3 Phase „Entscheidung über Investition und Markteinführung"

Die Phase „Entscheidung" umfasst einen Soll-Ist-Abgleich unter Berücksichtigung der im Lastenheft festgelegten Forderungen und die Festlegung über notwendige Investitionen. Dabei sind die Ergebnisse aus allen Schritten der zweiten Phase „Entwicklung" heranzuziehen. Hier ist zum letzten Mal eine relativ preiswerte Möglichkeit gegeben, Korrekturmaßnahmen zu ergreifen. Eine Beseitigung von Fehlern an im Markt eingeführten Produkten ist erheblich teurer.

B.3.1 Prozessschritt „Investitionen"

Falls in der Entwicklungsphase erkannt wird, dass das Produkt nicht in bestehenden Anlagen hergestellt werden kann, müssen Entscheidungen über neue oder umzubauende Anlagen/Produktionsstätten getroffen werden. Besonders zu berücksichtigen sind dabei:

- Genehmigung;
- Emissionen, Abfall und Abwasser;
- Anlagen- und Arbeitssicherheit;
- Wirtschaftlichkeit.

B.3.2 Prozessschritt „Null-Serie"

Ziel der Null-Serie ist die Sicherstellung der Produktion. Zu diesem Zeitpunkt werden alle neuen Parameter erstmals gemeinsam unter Original-Produktionsbedingungen überprüft.

Zu diesem Zeitpunkt müssen auch viele andere Punkte abschließend geklärt sein:

- Genehmigung und Auflagen;
- Schulungen des Personals;
- abschließende Festlegung der Spezifikationen;

- abschließende Prüfung des Produktes.

Phase „Markteinführung und -beobachtung" B.4

Prozessschritt „Markteinführung" B.4.1

Voraussetzungen sind:

- Bereitstellung der erforderlichen Produktmengen einschl. Logistik;
- Schulung, Kundendienst;
- Informationen zu Eigenschaften, Anwendung und Entsorgung/ Recycling des Produktes (Sicherheitsdatenblatt, Broschüren, Messen);
- Umsetzung der Kommunikationsstrategie z. B. zu Umweltfragen.

Prozessschritt „Marktbeobachtung" B.4.2

Enge Kontakte zu den Kunden sind auch nach der Markteinführung essenziell. Sie liefern Rückmeldungen zu neuen Produkten und geben Anregungen für Weiterentwicklungen.

Zur Marktbeobachtung gehören z. B. auch:

- neue Gesetze und Normen;
- neue wissenschaftliche Erkenntnisse;
- Aktivitäten von Nicht-Regierungsorganisationen.

BEISPIEL

Neues Verbundmaterial im Automobilbau: Kraftstoffeinsparung

Kunden aus der Automobilzulieferer-Industrie hatten als Ziel, das Flächengewicht der Automobil-Innenraumteile wie Einlegeböden für den Kofferraum, Schiebehimmel, Trägerteile für Türseitenverkleidungen sowie Instrumententafeln zu reduzieren, um damit das gesamte Gewicht eines Automobils und daher seinen Treibstoffverbrauch reduzieren zu können.

In Zusammenarbeit mit den Kunden wurde von einem Unternehmen der chemischen Industrie ein Verbundmaterial aus Polyurethan und organischen Fasern (z. B. Naturfasern) entwickelt, das sich nach dem Formpressverfahren verarbeiten lässt.

Die auf diese Weise hergestellten Automobil-Innenraumteile enthalten bis zu 60 Gew.-% organischen Faseranteil (z. B. Flachs und Sisal) und wiegen bis zu 40 % weniger als ihre glasfaserverstärkten Pendants. Außerdem erhalten die Leichtgewichte vorzügliche Noten, auch was die Sicherheit der Automobilinsassen betrifft: Sollte das Material bei einem schweren Crash zerstört werden, bricht es, ohne scharfe Kanten auszubilden.

C Schlussfolgerungen

In diesem Abschnitt sind Aspekte beschrieben, die eine erfolgreiche Firma im Rahmen der Produkt- und Verfahrensentwicklung einbezieht. Wichtig ist die Identifizierung von Ansätzen zur fortlaufenden Verbesserung, zu der motivierte und sensibilisierte Mitarbeiter in hohem Maß beitragen. Dabei sind neben Umweltfragen auch gesellschaftliche und ökonomische Gesichtspunkte von Bedeutung. In der Entscheidungsphase ist ein ausbalancierter Abwägungsprozess zwischen diesen drei Bereichen erforderlich. Dialogprozesse mit interessierten Parteien können bei den Entscheidungen helfen. Je besser Abwägungsbalance und Dialogbereitschaft in die Firmenkultur integriert sind, desto besser wird sich das Unternehmen am Markt bewähren.

Die Effektivität des Entwicklungsprozesses ist in der innovativen Chemieindustrie Voraussetzung für unternehmerischen Erfolg und sollte einer regelmäßigen, internen Überprüfung unterzogen werden. Dabei können Indikatoren, die Einsichten in den Gesamtprozess oder wesentliche Abschnitte liefern, eine wichtige Rolle spielen.

Messgrößen für den Erfolg können beispielsweise sein:

- Projektlaufzeit, Reklamationen, Zahl der Innovationen etc.;
- Reduktion der Menge und Gefährlichkeit des Abfalls, des Abwassers und/oder der Abluft während der Produktherstellung oder beim Kunden;
- optimierter Ressourceneinsatz bei der Herstellung (Rohstoffe, Energie, Personal, Anlagen, Produktionszeit);
- Erhöhung der Ausbeute;
- höhere Sicherheit und bessere Arbeitsbedingungen;
- Bereitstellung von wirksameren Produkten;
- reduzierte Human-/Öko-Toxizitätsrisiken des Produktes;
- verbesserte Wiederverwertbarkeit;
- verbesserte Haltbarkeit/längere Lebensdauer.

4.7 Treibhausgasmanagement und Carbon Footprint

In diesem Abschnitt werden zwei Beispiele zum Treibhausgasmanagement und zu Treibhausgasbilanzen vorgestellt. Das Beispiel in Kapitel 4.7.1 bezieht sich auf Unilever als international tätigem Konzern mit 400 Marken in über 14 Kategorien mit Haushaltsreinigern, Körperpflegeprodukten und Lebensmitteln, der täglich 160 Millionen Produkteinheiten verkauft. Das zweite Beispiel zur Firma Bonifatius GmbH beschreibt in Kapitel 4.7.2 den Ansatz eines KMU im Bereich von Druckereierzeugnissen.

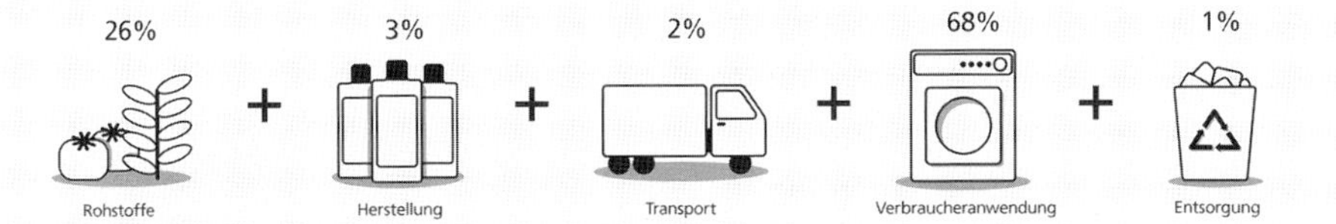

Bild 33: Carbon Footprint Unilever nach Produktkategorien (52)

Carbon Footprint Unilever 4.7.1

Unilever ermittelt die Treibhausgasbilanz des Unternehmens durch die Aggregation des Carbon Footprint repräsentativer Produkte. Unilevers Ziel zur Reduzierung der Treibhausgasemissionen (THG) bezieht sich auf die gesamte Wertschöpfungskette, von der Beschaffung der Rohstoffe bis hin zur Verwendung des Produktes durch den Verbraucher und die Entsorgung. Das von Unilever definierte Ziel der Halbierung der Treibhausgasbelastung durch die Produkte entlang des Lebenszyklus bis 2020 kann durchaus als ambitioniert betrachtet werden. Dabei gilt als Maßeinheit die Treibhausgasemission für „eine Verbraucheranwendung“, z.B. die Treibhausgasbelastung durch den Genuss einer einzigen Tasse Tee (52).

Als Referenz wurde die Treibhausgasbilanz entlang des Lebenszyklus von mehr als 1600 repräsentativen Produkten in 14 Ländern berechnet. Die Kalkulation erfasst 70 Prozent des Umsatzes von Unilever. Insgesamt zeigt sich in Bild 33, dass Herstellung und Transport nur rund fünf Prozent der Gesamtbelastungen ausmachen, während die Beschaffung von Rohstoffen und die Verbraucheranwendung den Carbon Footprint mit über 90 Prozent klar dominieren.

Als weitere Analyse wurde untersucht, wie die einzelnen Produktkategorien des Unternehmens zum Gesamtergebnis beitragen. Dabei hat sich gezeigt, dass der größte Beitrag zur Treibhausgasbilanz durch die Produkte entsteht, bei denen der Verbraucher erhitztes Wasser benötigt, d.h. im Bereich Duschen, Haare- und Wäschewaschen. Der Anteil einzelner Produktkategorien ist in Bild 34 dargestellt.

Carbon Footprint Bonifatius GmbH 4.7.2

Die Bonifatius GmbH ist ein Unternehmen im Bereich Druckereierzeugnisse und hatte 2010 mit insgesamt 145 Mitarbeitern einen Umsatz von 25 Millionen Euro (54). Das Unternehmen verfolgt das Ziel, durch umweltfreundliches und ressourcenschonendes Wirtschaften einen nachhaltigen Beitrag zum Klimaschutz zu leisten.

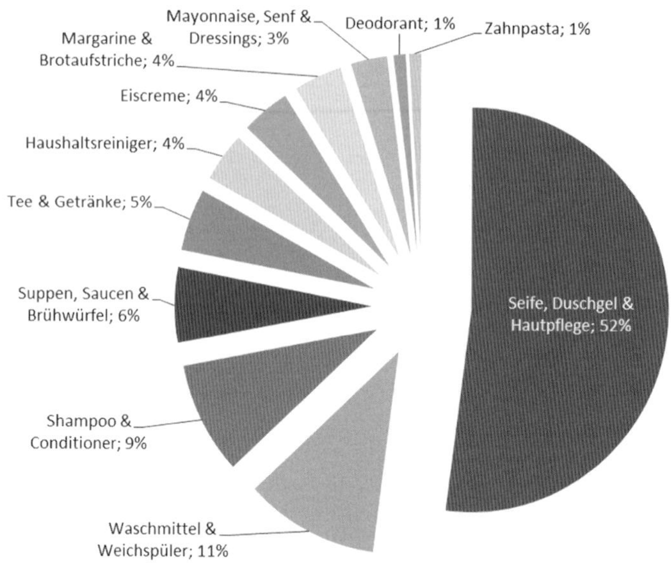

Bild 34: Carbon Footprint Unilever nach Produktkategorien (52)

Dabei stellen ökonomisches und ökologisches Drucken für Bonifatius keinen Gegensatz dar. Mit dem Einsatz von modernen Maschinen und Techniken sowie intelligenten Konzepten werden die ökologischen Belastungen reduziert – das hilft der Umwelt, zugleich aber auch dem Unternehmen, da die Beschaffungskosten und Abgaben sinken.

Bonifatius erstellt Treibhausgasbilanzen des Unternehmens, aus denen die folgenden Ergebnisse dem Emissionsbericht des Jahres 2010 entnommen sind (55). Insgesamt wurden im Jahr 2010 durch Bonifatius 257,7 Tonnen CO_2-Äquivalente (CO_2e) durch standortspezifische Treibhausgasemissionen verursacht. Hinzu kommen 11 823,7 Tonnen CO_2e durch materialbezogene Treibhausgasemissionen.

Treibhausgasbilanzen werden oft in sogenannte ‚Scopes' eingeteilt. Diese Einteilung beschreibt und strukturiert die Systemgrenze der Betrachtung. In Scope 1 werden die direkt durch das bilanzierende Unternehmen freigesetzten CO_2e betrachtet. Diese werden als direkte CO_2-Emissionen bezeichnet. Typische Emissionsquellen sind hier die Verbrennung fossiler Brennstoffe im Unternehmen (mobil und stationär), die CO_2-Emissionen aus chemischen und physikalischen Prozessen oder die Leckage von Kühlmitteln aus Klimaanlagen.

Emissionsquelle	**Emission** ($kg\ CO_2e$)	**Anteil am jeweiligen Scope**	**Gesamt-anteil**
Scope 1			
Erdgasverbrauch	131 380	99 %	1,1 %
Kühlmittel	918	1 %	0,0 %
Summe Scope 1	132 298	100 %	1,1 %
Scope 2			
Strom	0	0 %	0,0 %
Summe Scope 2	0	100 %	0,0 %
Scope 3			
Papier	11 067 480	93 %	91,6 %
Druckplatten	491 550	4 %	4,1 %
Farben, Lack, Toner	184 605	2 %	1,5 %
Mitarbeiteranfahrt	108 238	1 %	0,9 %
Gummitücher	51 951	0,4 %	0,4 %
Feucht- und Reinigungsmittel	20 523	0,2 %	0,2 %
Dienstleister	9 131	0,1 %	0,1 %
Klebstoff	7 587	0,1 %	0,1 %
Büropapier, Wasser, Reisen, etc.	7 984	0,07 %	0,1 %
Summe Scope 3	11 949 049	100 %	98,9 %
Summe gesamt	**12 081 347**		

In Scope 2 werden die CO_2e ausgewiesen, die bei der Erzeugung von Energie (Strom, Wärme, Dampf und Kälte) durch die jeweiligen Versorgungsunternehmen verursacht werden (sog. indirekte Emissionen). Alle übrigen indirekten CO_2e, die z. B. mit den vom Unternehmen verwendeten Materialien, Produkten und Dienstleistungen verbunden sind, werden in Scope 3 ausgewiesen. Zu Scope 3 gehören auch die Emissionen, die mit der Nutzung und der Entsorgung der verkauften Produkte verbunden sind. Bei Bonifatius sind die folgenden Emissionsquellen für den jeweiligen Scope relevant (55):

Scope 1: Erdgasverbrauch, Kühlmittel

Scope 2: Strom

Scope 3: Mitarbeiteranfahrten, externe Dienstleister, Büropapier, Wasserverbrauch, Geschäftsreisen, Druckerzeugnisse, Papier, Druckplatten, Farben, Lacke, Toner, Gummitücher, Feucht- und Reinigungsmittel, Klebstoffe

In der Tabelle sind die Ergebnisse der Emissionsbilanz der Bonifatius GmbH für das Jahr 2010 zusammengefasst (55). Es zeigt sich sehr deutlich, dass der Scope 3 bei weitem dominiert. Innerhalb des Scope 3 nimmt wiederum der Papierbedarf mit einem Anteil von 93 Prozent die bedeutendste Rolle ein. Scope 2 ist durch die Verwendung von regenerativen Energien ohne Bedeutung und Scope 1 spielt mit einem Anteil von 1,1 Prozent am Gesamtwert eine vernachlässigbare Rolle. Dieses Ergebnis zeigt deutlich auf, dass die wesentlichen Optimierungspotenziale nicht bei den direkt durch das Unternehmen verursachten Emissionen, sondern in der Optimierung der Lieferantenkette liegen. Ein solches Ergebnis ist recht typisch für produzierende Unternehmen, wobei bei Bonifatius die Dominanz eines Materials prozessbedingt heraussticht und durch den Einsatz erneuerbarer Energien mit bereits reduzierten, energiebedingten Emissionen zusätzlich verstärkt wird.

5 Beispiele für die Implementierung eines Umweltmanagementsystems

In diesem Kapitel wird die Umsetzung der Normen in die unternehmerische Praxis anhand verschiedener Beispiele beschrieben. Mit den einzelnen Schritten zur Implementierung eines Umweltmanagementsystems (UMS) soll nicht Normenkenntnis vermittelt werden, sondern ein gelebtes System eingerichtet werden. Auch wenn es sich dabei um ein kombiniertes System handelt, liegt der Schwerpunkt auf dem Umweltbereich (siehe ISO 14001 und die entsprechenden Kapitel in diesem Buch).

5.1 Die ersten Schritte

In den folgenden Abschnitten werden Elemente des Managementsystems in verschiedenen, aufeinander aufbauenden Bildern dargestellt. Bild 35 skizziert dabei die ersten Schritte des Managementsystems. In den folgenden Abbildungen (Bild 36 bis Bild 39) wurde wegen der Übersichtlichkeit auf das Einfügen von Verzweigungen verzichtet.

Entscheidung

Am Anfang steht die Entscheidung der obersten Leitung: „Wir wollen ein Umweltmanagementsystem einführen." Zur Vorbereitung und Unterstützung dieser Entscheidung werden die Vor- und Nachteile zusammengetragen (nach der Lektüre dieses Buches sollten bei sinnvoller Konzeption des Systems die Vorteile überwiegen). Gleichzeitig sollte entschieden werden, ob ein reines Umweltmanagementsystem oder – zur Vermeidung von Doppelarbeit – gleich ein kombiniertes Managementsystem verschiedener Disziplinen implementiert wird.

Umweltpolitik

Die Umweltpolitik oder nur Politik im Fall des kombinierten Managementsystems muss von der obersten Leitung verabschiedet werden und ist gleichzeitig Startpunkt sowie wichtigstes Dokument für das System. Nach ISO 14001 muss sie festlegen und sicherstellen, dass sie

- in Bezug auf Art, Umfang und Umweltauswirkungen ihrer Tätigkeiten, Produkte und Dienstleistungen angemessen ist;
- eine Verpflichtung zur fortlaufenden Verbesserung und zum Schutz der Umwelt enthält, einschließlich der Verhinderung von Umweltbelastungen;

- eine Verpflichtung zur Einhaltung der bindenden Verpflichtungen enthält, d. h. rechtlicher Verpflichtungen und anderer Anforderungen, zu denen sich die Organisation bekennt, und die auf deren Umweltaspekte bezogen sind;
- den Rahmen für die Festlegung von Umweltzielen bietet;
- dokumentiert, implementiert und aufrechterhalten wird;
- allen Personen bekanntgemacht wird, die für die Organisation oder in deren Auftrag arbeiten;
- für die interessierten Parteien verfügbar ist.

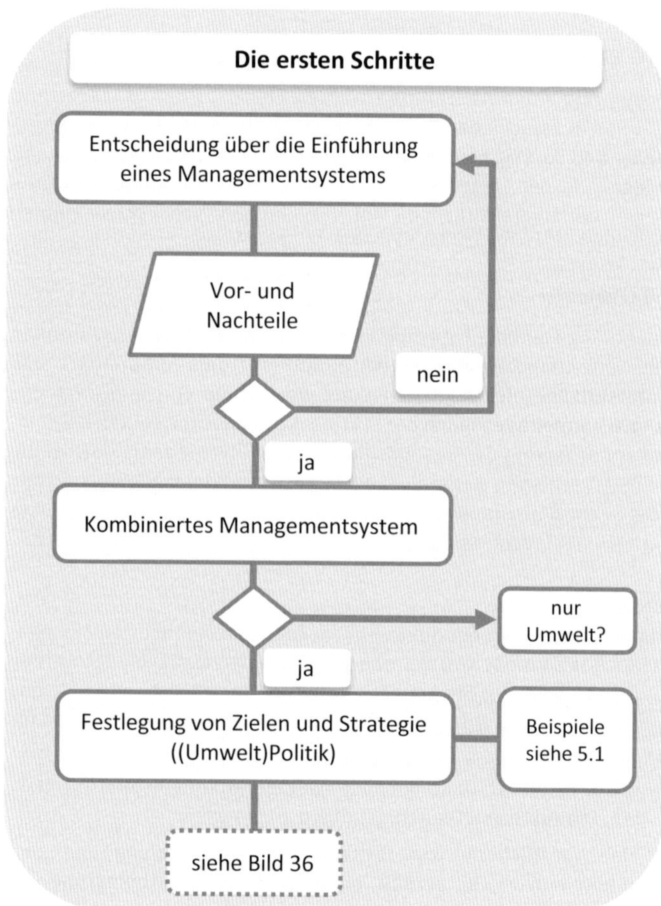

Bild 35: Die ersten Schritte des Managementsystems

Beispiele für Umweltpolitiken verschiedener Unternehmenstypen

Beispiel 1: Kombinierte Politik eines Unternehmensbereichs eines weltweit tätigen Chemie-Unternehmens

Die Politik des Unternehmensbereichs folgt den Vorgaben und Leitlinien der Gruppe. Damit stellt sich das Unternehmen seiner gesellschaftlichen Verantwortung. Dies schließt die Errichtung eines Managementsystems ein, in das die Aspekte Qualität, Sicherheit, Gesundheits- und Umweltschutz integriert sind. Mit diesen Aktivitäten leisten wir einen Beitrag in Richtung Nachhaltige Entwicklung.

Um diese Verpflichtung zu erfüllen, erklärt sich die Leitung des Unternehmensbereichs verantwortlich für die Aufrechterhaltung und das Funktionieren eines Managementsystems entsprechend den Normen DIN EN ISO 9001, OHSAS 18001 und DIN EN ISO 14001. Die Forderungen der relevanten Gesetze, Verordnungen und behördlichen Auflagen, der Normen, der Unternehmens-Leitlinien sowie die ökonomischen Bedingungen bilden dabei die Grundlage des Handelns.

Ziel ist der Aufbau einer Führungsposition in unseren Marktsegmenten. Wichtige Beiträge liefern dazu optimale Kunden- und Lieferantenbeziehungen, extern wie intern, sowie Umwelt- und Verbraucherschutz und deren Umsetzung in Wettbewerbsvorteile.

Wir versprechen für die von uns entwickelten, hergestellten und vertriebenen Produkte:

- Hervorragende Eignung
- Hohen Nutzen
- Sichere Verwendung und Entsorgung
- Sicherheit bei ihrer Herstellung
- Kundenorientierten Service

Bei deren Herstellung folgen wir dem Stand der Technik und erfüllen ökologische und sicherheitsrelevante Anforderungen bei optimaler Wirtschaftlichkeit.

Unsere Ziele werden wir nur durch qualifizierte und motivierte Mitarbeiter erreichen. Um dies sicherzustellen, bilden wir in allen Organisationseinheiten unseres Unternehmensbereichs die Mitarbeiter so aus, dass sie in der Lage sind, individuell Verantwortung im Rahmen unserer Politik zu übernehmen.

Wir entwickeln und setzen Maßnahmen zur Struktur- und Prozessoptimierung zur Sicherstellung einer fortlaufenden Verbesserung in allen Bereichen um.

Unterschrift: Unternehmensbereichsleiter

Beispiel 2: Umweltpolitik eines Maschinenbaubetriebs

Unter einer konsequent praktizierten Umweltpolitik verstehen wir eine ganzheitliche Betrachtung der Auswirkungen unserer Produkte und deren Herstellung auf die natürlichen Lebensgrundlagen. Umweltschutz ist wesentlicher Bestandteil der Unternehmenspolitik. In unserem Umweltverhalten richten wir uns an folgenden Grundlagen aus:

Umweltziele und -programme

Wir streben einen aktiven und gestaltenden Umweltschutz auf unseren Tätigkeitsgebieten an. Hierzu setzen wir uns Ziele und legen Programme zur Zielerreichung fest. Übergeordnete Umweltziele in unserem Haus sind:

- Ressourcenschonung
- Reduzierung von Emissionen
- Schutz von Boden, Wasser und Luft

Fortlaufende Verbesserung im Umweltbereich

Soweit es mit den Anforderungen unserer Kunden vereinbar ist, sehen wir es als unsere Aufgabe an, Produkte, Technologien und Abläufe in unserem Haus auch unter Umweltgesichtspunkten zu entwickeln und zu verbessern. Die Umweltleistung unseres Hauses soll fortlaufend verbessert werden.

Einhaltung der relevanten gesetzlichen Verpflichtungen

Die Einhaltung gesetzlicher Vorschriften und behördlicher Auflagen ist selbstverständlich. In Fragen des Umweltschutzes kooperiert die Firma eng und vertrauensvoll mit den zuständigen Behörden und der Fachwelt.

Offene Informationspolitik

Wir informieren unsere Mitarbeiter, Kunden und Partner offen über unsere Umweltpolitik. Hiermit wollen wir im eigenen Haus das Verantwortungsbewusstsein für die Umwelt ausbauen und nach außen das Bild unserer Firma als vielschichtiges kompetentes Unternehmen festigen.

Organisation

Die Firma hat ein Umweltmanagementsystem aufgebaut und die Zertifizierung gemäß DIN EN ISO 14001 erhalten. Durch die Kombination des Umweltmanagementsystems mit dem QM-System betonen wir die Untrennbarkeit von Qualität und Umweltschutz sowie die Selbstverständlichkeit, die diese beiden Themen in unserer Firma besitzen.

Unterschrift: Geschäftsleitung

Beispiel 3: Umweltpolitik eines Automobil-Zulieferers

Die Geschäftsführung ist sich bewusst, dass alle Aktivitäten, die mit Entwicklung, Herstellung und Vertrieb unserer Produkte verbunden sind, direkt oder indirekt einen Einfluss auf die Umwelt haben. Umweltschutz ist eine wichtige Aufgabe des Unternehmens und deshalb formuliert die Geschäftsführung folgende Grundsätze seiner Umweltpolitik:

Stellenwert des Umweltschutzes

Die Firma verpflichtet sich, ihre wirtschaftlichen Ziele unter Beachtung der Gebote des Umweltschutzes zu erreichen.

Mitarbeiter

Umweltschutz ist Sache eines jeden Mitarbeiters. Durch Information der Mitarbeiter wird ein umweltbewusstes Handeln gefördert. Qualifikation und Motivation werden zukunftsorientiert entwickelt.

Vermeidung von Umweltbelastungen

Wir verpflichten uns, mit den natürlichen Ressourcen schonend umzugehen, besonders beim Einsatz von Materialien und Energie. Dazu werden Prozesse bezüglich Umweltauswirkungen analysiert und verbessert. Abfallentstehung soll schrittweise mit Hilfe von geeigneten Entwicklungen und Technologien reduziert werden. Nicht recycelbare Abfälle sollen ökologisch umweltverträglich beseitigt werden.

Fortlaufender Verbesserungsprozess

Zur Erreichung der beschriebenen Umweltziele werden Programme zur fortlaufenden Verbesserung von Produkten und Prozessen entwickelt.

Einbeziehung von Lieferanten

Die Verpflichtung zur Vermeidung von Umweltbelastungen erwarten wir auch von unseren Lieferanten.

Gesetze und Verordnungen

Wir verpflichten uns, alle anwendbaren Gesetze, Verordnungen und sonstige Anforderungen im Umweltbereich zu beachten.

Kommunikation

Im Sinne des Umweltschutzes wollen wir mit unseren Mitarbeitern, örtlichen Verwaltungen, Verbänden sowie unseren Kunden und Lieferanten offen kommunizieren.

Unterschrift: Geschäftsleitung

5.2 Festlegung der Geschäftsprozesse

Als nächster Schritt werden jetzt die für das Umweltmanagementsystem relevanten Prozesse der Organisation ermittelt und in eine zielführende Struktur gebracht (siehe Bild 36).

Liste der Prozesse (Beispiel)

Geschäftsprozess 1: Entwickeln von Firmen-Strategien und -Kultur

1.1 Politik, Ziele, Strategie und Programme

1.2 Überwachung und Management-Bewertung

1.3 Korrektur-, Vorsorge- und Verbesserungs-Aktivitäten

1.4 Kommunikation mit der Öffentlichkeit, Nachbarn, Behörden, Kunden, Lieferanten, Angestellten

1.5 Entwickeln des Personals

1.6 Entwickeln der Organisation

1.7 Planung der Ressourcen

Geschäftsprozess 2: Bearbeiten des Marktes

2.1 Beobachtung des Marktes

2.2 Kontakte mit dem Handel

2.3 Kontakte mit Verbrauchern

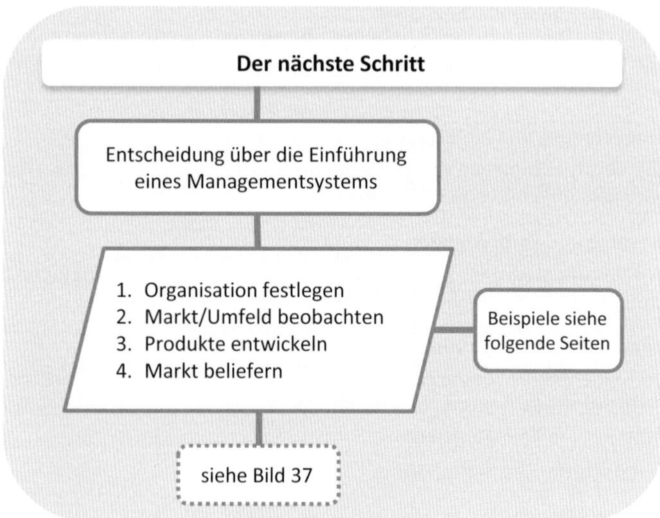

Bild 36: Festlegung der Geschäftsprozesse

Geschäftsprozess 3: Entwicklung/Design

3.1 Vor-Projekt-Phase
- Sammeln, Analysieren und Bewerten von Ideen
- Definition des Projekts
- Meilenstein I

3.2 Projekt-Entwicklung
- Briefing
- Produktentwicklung
- Technologieentwicklung
- Verpackungsentwicklung
- Kommunikation, Marketing-Mix
- Meilenstein II

3.3 Projektbewertung
- Realisierung der Kommunikation
- Pilotproduktion
- Verkauf
- Meilenstein III

3.4 Vorbereitung der Markteinführung
- Vorbereitung und Realisierung der Markteinführung
- Bewertung der Markteinführung

Geschäftsprozess 4: Ausführung von Kunden-Aufträgen

4.1 Annahme der Aufträge

4.2 Management des Bestands (Rohstoffe, Zwischen- und Fertigprodukte)

4.3 Herstellung der Produkte
- Planung
- Bau und Unterhalt der Produktionsstätte
- Optimierung der Technologie
- Kauf, Lagerung und Handhabung von Rohstoffen
- Lagerung und Handhabung von Stoffen während der Produktion
- Produktion von Zwischen- und Fertigprodukten
- Qualitätskontrolle
- Umgang mit nicht-qualitätsgerechten Produkten

4.4 Lagerung und Auslieferung

4.5 Rechnung

Weitere Prozesse

A.1 Unterstützende Verfahren und Regelungen
- Inhalt und Struktur des kombinierten Managementsystems
- Dokumentation und Aufzeichnungen
- Statistische Methoden
- Prüfen, Teststatus, Produktidentifizierung und Rückverfolgbarkeit

A.2 Referenzen

A.3 Abkürzungen

Nachdem die Prozesse definiert und strukturiert sind, folgen die in Bild 37 dargestellten Schritte der Dokumentation und Analyse. Die Beschreibung der Prozesse (Dokumentation) erfolgt häufig durch ein Managementsystem-Handbuch, welches zu Details auf entsprechende Verfahrens- und Arbeitsanweisungen verweist.

5.3 Dokumentation und Analyse

Bild 37 zeigt die Übersicht über die Schritte der Dokumentation und Analyse bei der Implementierung des Managementsystems.

Handbuch

Im Handbuch werden Einzelheiten zu den zuvor definierten Geschäftsprozessen festgelegt. Dies kann durch beschreibenden Text oder in Tabellenform (Was? Wer? Wie?) erfolgen. Nachfolgend wird ein Beispiel aus den Bereichen der Projektentwicklung bzw. Produktentwicklung für die Tabellenform gegeben (siehe ISO 14001 und die entsprechenden Kapitel in diesem Buch).

Projektentwicklung – Produktentwicklung (Beispiel)

Input: Briefing durch das Marketing   Output: Herstellvorschrift für Produktion

Was?	Wer?	Wie?
Umsetzung von Briefing in mögliche Rezepturen	Laborleiter	Verfahrensanweisung A
Auswahl von Rohstoffen	Laborleiter	Verfahrensanweisung A
Aufmischung von Produkten	Laborant	Arbeitsanweisung X
Leistungsprüfung	Testlabor	Arbeitsanweisung Y
Herstellverfahren für ausgewählte Rezeptur	Laborleiter	Verfahrensanweisung B

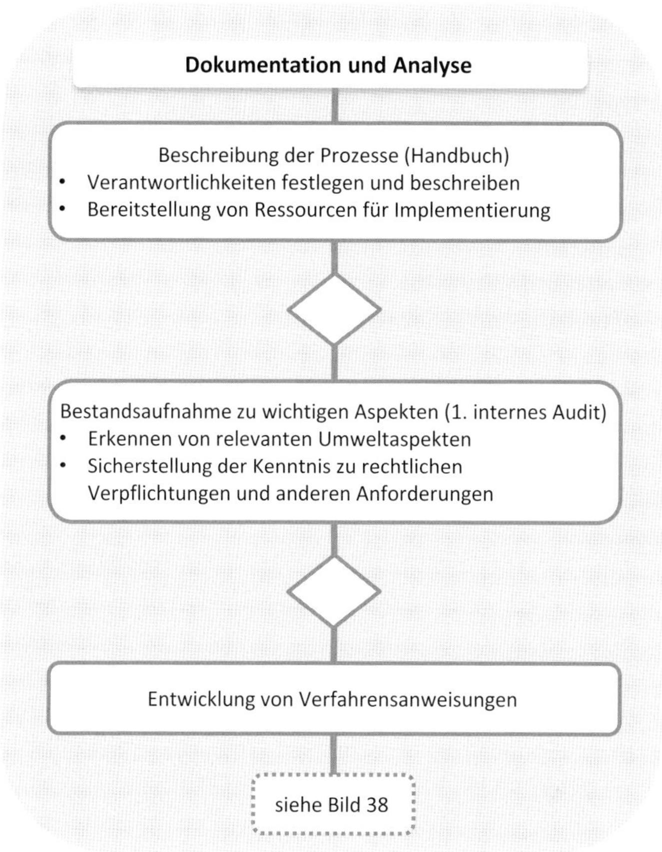

Bild 37: Dokumentation und Analyse

Bestandsaufnahme

Die Bestandsaufnahme kann durch ein Projektteam ermittelt oder in einem Audit durchgeführt werden. Wesentliches Ziel ist das Erkennen von umweltrelevanten Umweltaspekten sowie von rechtlichen Verpflichtungen und anderen Anforderungen (Kataster).

Im Rahmen der Bestandsaufnahme sollten existierende Unterlagen und Daten geprüft und gegebenenfalls Messungen veranlasst werden. Die folgenden Punkte sollten berücksichtigt werden (siehe ISO 14001, ISO 14031 und ISO 14040er-Reihe sowie die entsprechenden Kapitel in diesem Buch):

Beschreibung des Untersuchungsobjekts
(Firma, Produktionsstätte, ...)
- z. B. Entfernung zu Nachbarn
- Altlasten

Ressourcenverbrauch
- Energie(träger)
- Rohstoffe
- Hilfsstoffe
- Bauten und Maschinen
- Wasser (Trinkwasser, Brauchwasser)

Produkte
- Auswahl von Rohstoffen
- Herstellungstechnologie
- Verpackung

Luftemissionen

Abwasser

Abfall

Wärmeverluste

Was ist relevant? ...

Verfahrensanweisungen

Nach der Ermittlung der Geschäftsprozesse und deren Definition im Handbuch sowie nach der Bestimmung der relevanten Umweltaspekte müssen Vorgaben für die tägliche Arbeit festgelegt und dokumentiert werden. Bei der Erörterung des Handbuchs wurden bereits die beiden Dokumentationstypen Verfahrensanweisung und Arbeitsanweisung erwähnt, die sich lediglich im Zuständigkeitsbereich und Detaillierungsgrad unterscheiden (siehe ISO 14001 und Fachbericht ISO/TR 14062 sowie die entsprechenden Kapitel in diesem Buch).

Eine Verfahrensanweisung könnte mit folgenden Strukturen entwickelt werden:

Beispiel 1:
- Zweck und Anwendungsbereich
- Definitionen und Abkürzungen
- Zuständigkeiten
- Vorgehensweise
- Mitgeltende Unterlagen
- Dokumentation

- Revision und Dokumentation der Verfahrensanweisung
- Verteiler

Beispiel 2:

- Zweck
- Zuständigkeitsbereiche
- Begriffe und Abkürzungen
- Prozess (Beschreibung und Verantwortlichkeiten)
- Prozesseigner
- Grenzen des Prozesses
- Inputs
- Outputs und nachfolgende Prozesse

Ergebnis	Anforderungen an Ergebnis	Indikatoren	Überprüfungsfrequenz	Verantwortlichkeit
...				

Prozessbeschreibung

Prozessstufen	Aktivität	Verantwortlichkeit	Referenzdokument
...			

- Unterstützende Dokumente
- Zuständigkeit für Verfahrensanweisung/Revisionszyklen

Wichtige Verfahrensanweisungen (Beispiele)

Management

- Management-Bewertung und fortlaufende Verbesserung
- Korrektur- und Vorbeugemaßnahmen
- Interne Audits
- Kauf und Verkauf von Firmen/Produktionsstätten/Grundstücke (Altlasten, Analyse, Vorgehen)
- Beschwerde-Management (intern und extern)
- Erfassen und Umsetzen von relevanten Gesetzen und Verordnungen
- Bewertung von Umweltaspekten
- Umweltauswirkungen – Analyse, Bericht und Verbesserung

Personal

- Personal – von Einstellung bis Entlassung/Pension
- Delegation der Verantwortlichkeit (z. B. im Umweltbereich)
- Schulungen des Personals

Entwicklung eines Produkts

- Entwicklung (siehe Fachbericht ISO/TR 14062) Sicherheit/Freigabe von Rohstoffen
- Sicherheit/Freigabe von Fertigprodukten
- Einkauf
- Lenkung fehlerhafter Produkte/Produktrückrufe

Produktion

- Sicherheit von Prozessen
- Einsparung von Ressourcen (Energie und Material)
- Lagerung und Transport
- Arbeitssicherheit
- Feuerschutz und Notfallvorsorge
- Loss Control Management
- Bewertung des Arbeitsplatzes (Workplace Risk Assessment)
- Umgang mit gefährlicher Arbeit (Safe Work Permit)
- Umgang mit Firmenfremden (Besucher, Arbeiter von beauftragten Firmen)

5.4 Indikatoren und Programme

Nachdem die Prozesse dokumentiert und analysiert wurden, werden Indikatoren definiert und Programme festgelegt. Bild 38 stellt dies schematisch dar.

Indikatoren

Für alle Prozesse mit Umweltrelevanz werden – wie bei der Erstellung von Verfahrensanweisungen beschrieben – Indikatoren festgelegt, mit denen eine Bewertung der Umweltleistung erfolgen kann. Die Indikatoren können sich auf die in der Bestandsaufnahme erwähnten Bereiche beziehen, wie z. B. Energie- oder Materialverbrauch, Emissionen, Abfall, Lärm (siehe ISO 14031 und ISO 14040 ff. und die entsprechenden Kapitel in diesem Buch).

Programme

Auf Basis der Bestandsaufnahme und der definierten Indikatoren können nun Programme und Maßnahmen festgelegt werden, mit denen eine Verbesserung der Umweltleistung erreicht werden kann. Diese Programme müssen sich natürlich an dem wirtschaftlich Machbaren orientieren.

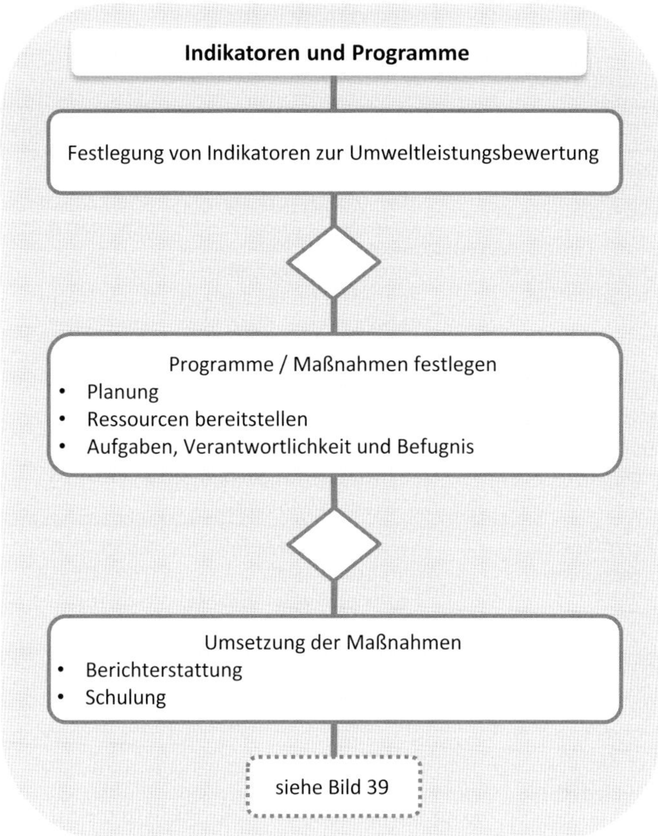

Bild 38: Indikatoren und Programme

Für die Programme müssen – nach einer genauen Planung – ausreichende Ressourcen (Personal und Mittel) bereitgestellt sowie die Zuständigkeiten und Befugnisse festgelegt werden (siehe ISO 14001 und die entsprechenden Kapitel in diesem Buch).

Beispiel: Umweltprogramm eines KMU im Bereich der Teilefertigung/ Oberflächentechnik

Umweltprogramm 2015

Ziele	Maßnahmen	Umsetzung bis
Reduzierung von Emissionen	Einbau einer Späneabsauganlage an der Kreissäge	02/15 (fristgerecht umgesetzt)
Substitution von Schadstoffen	Erneuerung des Kühlaggregats für die zentrale Kühlung in Gebäude 8 (Ersatz von 60 kg des Kältemittels R 22)	08/15 (fristgerecht umgesetzt)
Emissionsreduzierung, Begrenzung von Störfallauswirkungen	Installation eines Abluftwäschers für die Durchzugsanlagen und einen Trommelautomaten	10/15 (fristgerecht umgesetzt)
Schonung von Ressourcen	Verringern des Abfallanfalls um 25 %, Optimierung der Prozesstechnik zur Reduzierung des Einsatzes von Abwasserbehandlungschemikalien um 15 %	12/15 (Fortsetzung in 2016)

Das Umweltprogramm 2015 wurde im Wesentlichen wie geplant umgesetzt. Die formulierten Ziele wurden erreicht. Eine Maßnahme wird 2016 weiter verfolgt (Optimierung der Abwasserbehandlungsanlage).

Umweltprogramm 2016

Ziele	Maßnahmen	Umsetzung bis
Energieeinsparung	Austausch einer elektrischen Badbeheizung gegen einen heißwassergespeisten Wärmetauscher	4/16
Reduzierung von Abwasser Ressourcenschonung	Ölskimmer für die Aufbereitungsanlage einer Entfettungsanlage (jährliche Reduzierung der Abwassermenge um 15 m^3, Einsparung des jährlichen Badneuansatzes)	12/16
...	...	...

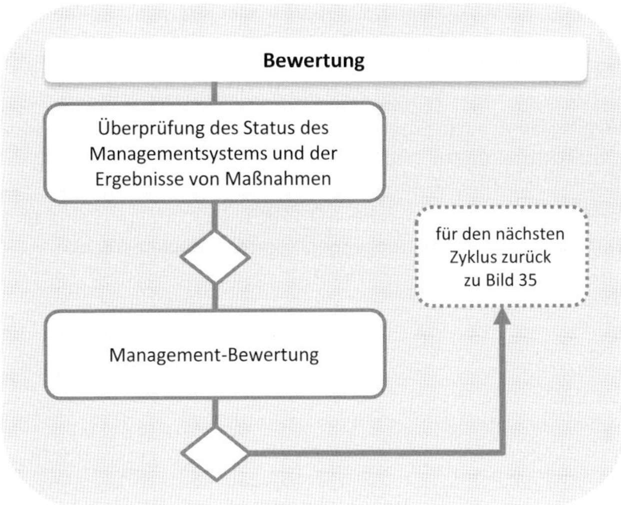

Bild 39: Bewertung

Bewertung 5.5

Während der Umsetzung der Programme und Maßnahmen wird regelmäßig über die Fortschritte und vorhandene/mögliche Probleme an die Leitung berichtet. Ein wichtiger, mitunter vernachlässigter Bestandteil ist neben technischen Maßnahmen die Schulung der Mitarbeiter (siehe ISO 14001 und die entsprechenden Kapitel in diesem Buch). Die Bewertung des Managementsystems ist Ausgangspunkt für Korrekturmaßnahmen oder neue Ziele im Sinne der fortlaufenden Verbesserung. Bild 39 zeigt diesen Schritt des Managementsystems.

Überprüfung

Der Status des Umweltmanagementsystems einschließlich der Ergebnisse von Programmen und Maßnahmen müssen in regelmäßigen Abständen überprüft werden. Am besten geeignet sind Audits in den unterschiedlichsten Ausprägungen (siehe ISO 19011 und die entsprechenden Kapitel in diesem Buch).

Management-Bewertung

Mindestens einmal pro Jahr muss die Leitung eine Beurteilung durchführen, ob das Managementsystem in der Lage ist, die in der Politik definierten Anforderungen umzusetzen und die vorgegebenen Ziele zu erreichen. Basis für diese Beurteilung sind z. B. Berichte über

Programme und Maßnahmen, Ergebnisse von internen Audits sowie Indikatoren. Als Ergebnis der Beurteilung veranlasst die oberste Leitung gegebenenfalls Optimierungsmaßnahmen für das Managementsystem und legt Programme für den nächsten Zeitraum fest. Gleichzeitig sind auch Entscheidungen zu treffen, wie Ergebnisse und Fortschritte intern und extern kommuniziert werden sollen. Mit dieser Bewertung wird ein Zyklus abgeschlossen und gleichzeitig der nächste gestartet (siehe ISO 14001, ISO 14020er-Reihe und ISO 14063 sowie die entsprechenden Kapitel in diesem Buch).

Anhang 1 – Definitionen/Glossar

In diesem Anhang sind Definitionen zu wichtigen, in diesem Buch benutzten Begriffen aus der ISO 14000-Serie zusammengestellt. Die Definitionen beziehen sich zumeist auf den aktuellen Stand der ISO 14050 (ISO 14050:2009; dreisprachige Fassung EN ISO 14050:2010). Einige Definitionen neueren Datums wurden ergänzt. In Klammern stehen die englischen Übersetzungen der Begriffe.

Abfall (waste)

Substanzen oder Gegenstände, die der Eigentümer für die Beseitigung vorgesehen hat oder die er beseitigen muss

Allokation (allocation)

Zuordnung der Input- oder Outputflüsse eines Prozesses oder eines Produktsystems zum untersuchten Produktsystem und zu einem oder mehreren anderen Produktsystemen

Audit (audit)

systematischer, unabhängiger und dokumentierter Prozess zur Erlangung von Auditnachweisen und zu deren objektiver Auswertung, um zu ermitteln, inwieweit Auditkriterien erfüllt sind

Auditfeststellungen (audit findings)

Ergebnisse der Beurteilung der zusammengestellten Auditnachweise gegen Auditkriterien

Auditkriterien (audit criteria)

Satz von Verfahren, Vorgehensweisen oder Anforderungen, der als Referenz herangezogen wird

Auditnachweis (audit evidence)

Aufzeichnungen, Tatsachenfeststellungen oder andere Informationen, die für die Auditkriterien relevant und verifizierbar sind

Auditor (auditor)

Person mit der Qualifikation, ein Audit durchzuführen

Auditteam (audit team)

ein oder mehrere Auditoren, die ein Audit durchführen, gegebenenfalls unterstützt durch Sachkundige

Auditplan (audit plan)

Beschreibung der Tätigkeiten und Vorkehrungen für ein Audit

Auditprogramm (audit programme)
Satz von einem oder mehreren Audits, die für einen spezifischen Zeitraum geplant werden und auf einen spezifischen Zweck gerichtet sind

Auditschlussfolgerung (audit conclusion)
Ergebnis eines Audits, das das Auditteam nach Erwägung der Auditziele und aller Auditfeststellungen geliefert hat

Auditteam (audit team)
ein oder mehrere Auditoren, die ein Audit durchführen, gegebenenfalls unterstützt durch Sachkundige

Auswertung (life cycle interpretation)
Bestandteil der Ökobilanz, bei dem die Ergebnisse der Sachbilanz oder der Wirkungsabschätzung oder beide mit dem festgelegten Ziel und Untersuchungsrahmen zusammengeführt werden, um Schlussfolgerungen und Empfehlungen zu geben

bindende Verpflichtung (compliance obligation)
rechtliche Verpflichtungen, die eine Organisation erfüllen muss, und andere Anforderungen, die eine Organisation erfüllen muss oder zu deren Erfüllung sich eine Organisation entschließt

Carbon Footprint eines Produktes (carbon footprint of a product, CFP)
Summe der emittierten Treibhausgasmengen und der entzogenen Treibhausgasmengen in einem Produktsystem, angegeben als CO_2-Äquivalent und beruhend auf einer Ökobilanz, unter Nutzung der einzigen Wirkungskategorie Klimawandel

Charakterisierungsfaktor (characterization factor)
Faktor, der aus einem Charakterisierungsmodell abgeleitet wurde, das für die Umwandlung eines zugeordneten Sachbilanzergebnisses in die gemeinsame Einheit des Wirkungsindikators angewendet wird

Datenqualität (data quality)
Eigenschaften von Daten in Bezug auf ihre Eignung, festgelegte Anforderungen zu erfüllen

Design und Entwicklung (design and development)
Satz von Prozessen, der Anforderungen in spezifizierte Charakteristika oder in die Spezifikation eines Produktes, Prozesses oder Systems überführt

direkte Treibhausgasemission (direct greenhouse gas emission)

THG-Emission aus organisationseigenen Treibhausgasquellen, bzw. die von der Organisation kontrolliert werden

dokumentierte Information (documented information)

Information, die von einer Organisation gelenkt und aufrechterhalten werden muss, und das Medium, auf dem sie enthalten ist

Entzug/Abscheidung von Treibhausgasen (greenhouse gas removal)

gesamte Masse eines Treibhausgases, die über einen festgelegten Zeitraum aus der Atmosphäre entzogen wird

fortlaufende Verbesserung (continual improvement)

wiederkehrende Tätigkeit zum Steigern der Leistung

funktionelle Einheit (functional unit)

quantifizierter Nutzen eines Produktsystems für die Verwendung als Vergleichseinheit in einer Ökobilanzstudie

Gebrauchstauglichkeit (fitness for purpose)

Fähigkeit eines Produktes, eines Prozesses oder einer Dienstleistung, einen bestimmten Zweck unter festgelegten Bedingungen zu erfüllen

interessierte Partei (interested party)

Person oder Organisation, die eine Entscheidung oder Tätigkeit beeinflussen kann, die davon beeinflusst sein kann oder die sich davon beeinflusst fühlen kann

internes Audit (internal audit)

systematischer, unabhängiger und dokumentierter Prozess zur Erlangung von Auditnachweisen und zu deren objektiver Auswertung, um zu ermitteln, inwieweit die von der Organisation festgelegten Auditkriterien des Umweltmanagementsystems erfüllt sind

Kohlendioxid-Äquivalent CO_2e (carbon dioxide equivalent CO_2e)

Einheit zum Vergleich der verstärkten Strahlung eines Treibhausgases mit Kohlendioxid

Korrekturmaßnahme (corrective action)

Maßnahme zur Beseitigung der Ursache einer erkannten Nichtkonformität

kritische Prüfung (critical review)
Prozess, der dazu dient, die Konsistenz einer Ökobilanz mit den Grundsätzen und Anforderungen der internationalen Normen zu Ökobilanzen sicherzustellen

Lebensweg (life cycle)
aufeinander folgende und miteinander verbundene Stufen eines Produktsystems von der Rohstoffgewinnung oder Gewinnung natürlicher Ressourcen bis zur endgültigen Beseitigung

Materialkennzeichnung (material identification)
Worte, Zahlen oder Symbole, die zur Bezeichnung der Zusammensetzung von Produktteilen eines Produktes oder einer Verpackung verwendet werden

Nichtkonformität (nonconformity)
Nichterfüllung einer Anforderung

oberste Leitung (top management)
Person oder Personengruppe, die eine Organisation auf der obersten Ebene führt und steuert

Ökobilanz (life cycle assessment, LCA)
Zusammenstellung und Beurteilung der Input- und Outputflüsse und der potenziellen Umweltwirkungen eines Produktsystems im Verlauf seines Lebenswegs

Ökoeffizienz (ecoefficiency)
Aspekt der Nachhaltigkeit, wobei die Umweltbewertung eines Produktsystems mit dem zugehörigen Produktsystemnutzen in Beziehung gesetzt wird

Organisation (organization)
Person oder Personengruppe, die eigene Funktionen mit Verantwortlichkeiten, Befugnissen und Beziehungen hat, um ihre Ziele zu erreichen

Produkt (product)
jede Ware oder Dienstleistung

Produktkategorie (product category)
Gruppe von Produkten mit gleichwertiger Funktion

Produktkategorieregeln (product category rules, PCR)
Zusammenstellung spezifischer Regeln, Anforderungen oder Leitlinien, um Typ III-Produktdeklarationen für eine oder mehrere Produktkategorien zu erstellen

Prozess (process)
Satz zusammenhängender und sich gegenseitig beeinflussender Tätigkeiten, der Eingaben in Ergebnisse umwandelt

Qualifikation (competence)
demonstrierte persönliche Eigenschaften und nachgewiesene Befähigung, Kenntnisse und Fähigkeiten anzuwenden

qualifizierte Umweltaussage (qualified environmental claim)
Umweltaussage, die von einer erklärenden Stellungnahme begleitet wird, die die Grenzen der Aussage beschreibt

Reduktion der Treibhausgasemissionen
(greenhouse gas emission reduction)
berechnete Abnahme von THG-Emissionen zwischen einem Bezugsszenario und dem Projekt

Risiken und Chancen (risks and opportunities)
potenziell ungünstige Auswirkungen (Bedrohungen) und potenziell günstige Auswirkungen (Chancen)

Rohstoff (raw material)
primäres oder sekundäres Material, das zur Herstellung eines Produktes verwendet wird

Sachbilanz (life cycle inventory analysis)
Bestandteil der Ökobilanz, der die Zusammenstellung und Quantifizierung von Inputs und Outputs eines gegebenen Produktsystems im Verlauf seines Lebenswegs umfasst

Systemgrenze (system boundary)
Satz von Kriterien zur Festlegung, welche Prozessmodule Teil eines Produktsystems sind

Treibhausgas (greenhouse gas, GHG)
gasförmiger Bestandteil der Atmosphäre, sowohl natürlichen als auch anthropogenen Ursprungs, der die Strahlung bei spezifischen Wellenlängen innerhalb des Spektrums der infraroten Strahlung, die von der Erdoberfläche, der Atmosphäre und den Wolken abgegeben wird, aufnimmt und abgibt

Treibhausgasbilanz eines Produktes (carbon footprint of a product)
Summe der emittierten Treibhausgasmengen und der entzogenen Treibhausgasmengen in einem Produktsystem, angegeben als CO_2-Äquivalent und beruhend auf einer Ökobilanz, unter Nutzung der einzigen Wirkungskategorie Klimawandel

Treibhausgasprojekt (greenhouse gas project)
Tätigkeit oder Tätigkeiten, die die im Bezugsszenario identifizierten Bedingungen ändern und zur Reduktion von Treibhausgasemissionen oder zur Steigerung des Entzugs von Treibhausgasen führen

Treibhausgasquelle (greenhouse gas source)
physikalische Einheit oder Prozess, bei der/dem ein Treibhausgas in die Atmosphäre freigesetzt wird

Treibhausgassenke (greenhouse gas sink)
physikalische Einheit oder Prozess, bei der/dem ein Treibhausgas aus der Atmosphäre entzogen wird

Treibhauspotenzial (global warming potential, GWP)
Faktor, der die Wirkung der verstärkten Strahlung einer massebezogenen Einheit eines bestimmten Treibhausgases in Bezug auf eine äquivalente Einheit von Kohlenstoffdioxid über einen bestimmten Zeitraum beschreibt

Typ III-Umweltdeklaration (type III environmental declaration)
Umweltdeklaration, die quantitative umweltbezogene Daten auf der Grundlage festgelegter Parameter bereitstellt, und, falls notwendig, ergänzende Umweltinformationen

Umwelt (environment)
Umgebung, in der eine Organisation tätig ist; einschließlich Luft, Wasser, Boden, natürliche Ressourcen, Flora, Fauna, Menschen und deren wechselseitige Beziehungen

Umweltaspekt (environmental aspect)
Bestandteil der Tätigkeiten oder Produkte oder Dienstleistungen einer Organisation, der auf die Umwelt einwirkt oder einwirken kann

Umweltaussage (environmental claim)
Erklärung, Symbol oder grafische Darstellung, die einen Umweltaspekt eines Produktes, Produktteils oder einer Verpackung kennzeichnet

Umweltauswirkung (environmental impact)

Veränderung der Umwelt, ob ungünstig oder günstig, die sich ganz oder teilweise durch Umweltaspekte einer Organisation ergibt

Umweltkennzeichnung/Umweltdeklaration
(environmental label/environmental declaration)

Aussage zu den Umweltaspekten eines Produktes oder einer Dienstleistung

Umweltkriterium für Produkte (product environmental criteria)

Umweltanforderungen, die das Produkt erfüllen muss, damit ein Umweltzeichen vergeben werden kann

Umweltleistung (environmental performance)

Leistung bezogen auf das Management von Umweltaspekten

Umweltleistungsbewertung (environmental performance evaluation)

Prozess zur Unterstützung von Managementscheidungen zur Umweltleistung einer Organisation durch Auswahl von Kennzahlen, Datenerfassung und -analyse, Beurteilung von Informationen nach Umweltleistungskriterien, Berichterstattung und Kommunikation sowie regelmäßige Überprüfung und Verbesserung dieses Prozesses

Umweltleistungskriterium (environmental performance criterion)

allgemeines oder umweltbezogenes Einzelziel oder jedes andere Ausmaß der Umweltleistung, das vom Management einer Organisation festgelegt wurde und zum Zweck der Umweltleistungsbewertung angewandt wird

Umweltmanagementsystem
(environmental management system, EMS)

Teil des Managementsystems, der dazu dient, Umweltaspekte zu handhaben, bindende Verpflichtungen zu erfüllen und mit Risiken und Chancen umzugehen

Umweltpolitik (environmental policy)

Absichten und Ausrichtung einer Organisation in Bezug auf die Umweltleistung, wie von der obersten Leitung ausgedrückt

Umweltziel (environmental objective)

von einer Organisation in Übereinstimmung mit der Umweltpolitik festgelegtes Ziel

Umweltzustand (environmental condition)

Status oder Merkmale der Umwelt, wie zu einem gegebenen Zeitpunkt bestimmt

Verbraucher (consumer)

natürliche Person, welche Waren, Immobilien, Vermögen oder Dienstleistungen für private Zwecke kauft oder nutzt

Verfahren (procedure)

festgelegte Art und Weise, eine Tätigkeit oder einen Prozess auszuführen

Verifizierung (verification)

1. für Umweltkennzeichnung und -deklarationen:
   Bestätigung durch Bereitstellung eines objektiven Nachweises, dass festgelegte Anforderungen erfüllt worden sind
2. für Treibhausgase:
   systematischer, unabhängiger und dokumentierter Prozess zur Beurteilung einer Aussage über Treibhausgase in Bezug auf die vereinbarten Verifizierungskriterien

Verhindern von Umweltbelastungen (prevention of pollution)

Nutzung von Prozessen, Tätigkeiten, Techniken, Materialien, Produkten, Dienstleistungen oder Energie, um (getrennt oder in Kombination) die Entstehung, Emission oder Freisetzung jeglicher Art von umweltbelastendem Stoff oder Abfall zu vermeiden, zu reduzieren oder zu überwachen, mit dem Ziel nachteilige Umweltauswirkungen zu verringern

Vorbeugungsmaßnahme (preventive action)

Maßnahme zu Beseitigung der Ursache einer möglichen Nichtkonformität

Wirkungsabschätzung (life cycle impact assessment)

Bestandteil der Ökobilanz, der dem Erkennen und der Beurteilung der Größe und Bedeutung von potenziellen Umweltauswirkungen eines Produktsystems im Verlauf des Lebenswegs dient

Zertifizierung (certification)

Verfahren, nach dem eine dritte Seite schriftlich bestätigt, dass ein Produkt, ein Prozess oder eine Dienstleistung mit festgelegten Anforderungen konform ist

Zielgruppe (target group)

ausgewählte interessierte Partei oder interessierte Parteien, die im Fokus der Umsetzung der Umweltkommunikation einer Organisation steht/stehen

Anhang 2 – NAGUS

Die Arbeitsgremien des Technischen Komitees ISO/TC 207 bestehen aus

- Vorstand und Sekretariat
- Plenarsitzung (ein Treffen pro Jahr; Delegationen der mitarbeitenden Normungsorganisationen aus derzeit mehr als 50 Ländern und interessierten Organisationen, z. B. Nicht-Regierungsorganisationen, Wirtschaftsverbände)
- Unter-Komitees (derzeit sechs)
- Arbeitsgruppen (mit Aufgaben auf Zeit).

Die Arbeiten des ISO/TC 207 werden in Deutschland beim Deutschen Institut für Normung e. V. (DIN) durch den „Normenausschuss Grundlagen des Umweltschutzes" (NAGUS) gespiegelt, der heute offiziell als NA 172 geführt wird.

Der NAGUS ist das zuständige Arbeitsgremium für die fachübergreifende Grundlagennormung im Bereich des Umweltschutzes auf nationaler, europäischer und internationaler Ebene. Erarbeitet werden Normen und Spezifikationen auf dem Gebiet der Umweltmanagementsysteme und der Instrumente des Umweltmanagements. Zu den Hauptarbeitsgebieten gehört die Beschreibung von Umweltaspekten sowohl in Organisationen und ihren Prozessen (Umweltmanage-

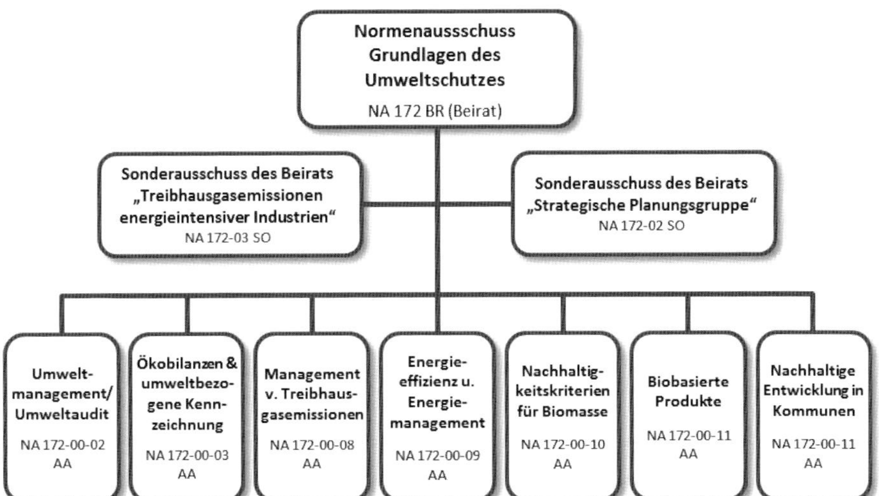

Bild 40: Ausschüsse des NAGUS

ment/Umweltaudit, Umweltleistungsbewertung, Umweltkommunikation, Treibhausgasemissionen, Energieeffizienz und Energiemanagement, Nachhaltige Entwicklung in Kommunen) als auch in Produkten (Produktentwicklung, Ökobilanzen, umweltbezogene Kennzeichnungssysteme, Nachhaltigkeitskriterien für Biomasse sowie biobasierte Produkte).

Eine Übersicht der Struktur und Ausschüsse des NAGUS ist in Bild 40 dargestellt.

Der NAGUS wurde 1993 auf Basis einer Vereinbarung zwischen DIN und BMU (Bundesministerium für Umwelt, Naturschutz und Reaktorsicherheit) gegründet mit der Aufgabenbeschreibung:

„Der NAGUS ist das zuständige DIN-Gremium für die Normung von fachgebietsübergreifenden Grundlagen des Umweltschutzes auf nationaler, europäischer und internationaler Ebene." Mit dem Ziel, die Normungsarbeit des NAGUS systematisch durchzuführen und eine adäquate deutsche Beteiligung an den Arbeiten des ISO/TC 207 zu sichern, hat der Beirat des NAGUS folgende Arbeitsausschüsse gegründet:

NA 172-00-02 AA	Umweltmanagement/Umweltaudit
NA 172-00-03 AA	Ökobilanzen und umweltbezogene Kennzeichnung
NA 172-00-08 AA	Validierer und Verifizierer von Treibhausgasemissionen
NA 172-00-09 AA	Energieeffizienz und Energiemanagement
NA 172-00-10 AA	Nachhaltigkeitskriterien für Biomasse
NA 172-00-11 AA	Biobasierte Produkte
NA 172-00-12 AA	Nachhaltige Entwicklung in Kommunen

Davon spiegeln die ersten vier Ausschüsse die Themen des ISO/TC 207 und bearbeiten diese. Die Mitglieder des NAGUS kommen aus der Wirtschaft und Wissenschaft, aus Umweltbehörden und Umweltverbänden sowie aus dem Bereich der technischen Überwachung und Beratung, aus den Gewerkschaften und aus den Verbraucherverbänden. Der NAGUS leistet einen wesentlichen Beitrag zur Durchsetzung anspruchsvoller Umweltziele bei der Erarbeitung international harmonisierter Umweltmanagementnormen weltweit.

Abkürzungsverzeichnis

AADP	Anthropogenic Stock Extended Abiotic Depletion Potential
ADP	Abiotic Depletion Potential
AP	Acidification Potential
B2B	Business to Business
B2C	Business to Consumer
BAT	Best Available Technology
BDI	Bundesverband der Deutschen Industrie
BMU	Bundesministerium für Umwelt, Naturschutz und Reaktorsicherheit
BMUB	Bundesministerium für Umwelt, Naturschutz, Bau und Reaktorsicherheit
CFP	Carbon Footprint von Produkten
CO_2e	CO_2-Äquivalente
CPA	Classification of Products by Activity
CSR	Corporate Social Responsibility
DALY	Disability Adjusted Life Years
DIN	Deutsches Institut für Normung e. V.
DIS	Draft International Standard
EF	Environmental Footprint
EMAS	Environmental Management and Audit Scheme
EMS	Environmental Management System
EN	Europäische Norm
EPD	Environmental Product Declaration
EPE	Environmental Performance Evaluation
ESP	Economic Resource Scarcity Potential
ESSENZ	Integrierte Methode zur ganzheitlichen Berechnung/Messung von Ressourceneffizienz
FAS	Fettalkoholsulfat
GEDnet	Global Environmental Declaration Network
GEN	Global Ecolabelling Network
GRI	Global Reporting Initiative
ILO	International Labour Organization
ISO	International Organization for Standardization
J	Joule
KMU	Kleine und mittelständische Unternehmen
LCA	Life Cycle Assessment (dt. Ökobilanz)

LCC	Life Cycle Costing
LCM	Life Cycle Management
LCSA	Life Cycle Sustainability Assessment
MFKR	Materialflusskostenrechnung
NACE	Nomenclature statistique des activités économiques dans la Communauté Européenne
NAGUS	Normenausschuss Grundlagen des Umweltschutzes
NGO	Non Governmental Organization
OHSAS	Occupational Health and Safety Assessment Series
OEF	Organizational Environmental Footprint
OLCA	Organizational LCA (nach ISO)
O-LCA	Organizational LCA (nach UNEP)
PAS	Publicly Available Specification
PCR	Product Category Rule
PDCA	Plan, Do, Check, Act
PEF	Product Environmental Footprint
PEFCR	Product Environmental Footprint Category Rule
POCP	Photochemical Oxidant Creation Potential
RAL	Deutsches Institut für Gütesicherung und Kennzeichnung e.V.
SC	Sub-Committee
SETAC	Society of Environmental Toxicology and Chemistry
SHDB	Social Hotspot Database
SLCA	Social Life Cycle Assessment
SME	Small and Medium Enterprises
TC	Technical Committee
THG	Treibhausgasemissionen
TR	Technical Report
TS	Technische Spezifikation, Vornorm
TÜV	Technischer Überwachungsverein
UBA	Umweltbundesamt
UKR	Umweltkostenrechnung
UMS	Umweltmanagementsystem
UNEP	United Nations Environment Programme
VCI	Verband der Chemischen Industrie
WTO	World Trade Organisation
WWF	World Wildlife Fund

Literaturverzeichnis

1. **Hauff, Volker (Hrsg.).** *Unsere gemeinsame Zukunft. Der Brundtland-Bericht der Weltkommission für Umwelt und Entwicklung.* Greven: Eggenkamp, 1987. ISBN 3-923166-16-8.
2. **ISO.** ISO Survey 2013 [Online, Zitat vom: 07. 07. 2015.] http://www.iso.org/iso/iso-survey.
3. **Klüppel, Hans-Jürgen.** *Umweltmanagement für kleine und mittlere Unternehmen (1. Auflage).* Berlin: Beuth, 2006.
4. **Finkbeiner, Matthias.** *Umweltmanagement für kleine und mittlere Unternehmen (2. Auflage).* Berlin: Beuth, 2011.
5. **UNEP.** *Guidance on Organizational Life Cycle Assessment.* Life Cycle Initiative, United Nations Environment Programme and Society for Environmental Toxicology and Chemistry, Paris, 2015. [Online, Zitat vom 07. 07. 2015] http://www.lifecycleinitiative.org/wp-content/uploads/2015/04/o-lca_24.4.15-web.pdf
6. **BS OHSAS 18001.** *BS OHSAS 18001:2007, Arbeits- und Gesundheitsschutz-Managementsysteme.* Berlin: Beuth, 2007.
7. **EU-Kommission.** EU-Kommissions-Website zu EMAS, Rubrik Statistiken und Graphen. [Online] [Zitat vom: 07. 07. 2015.] http://ec.europa.eu/environment/emas/register/reports/reports.do.
8. **GEN.** Global Ecolabelling Network. [Online] [Zitat vom: 29. 07. 2015.] http://www.globalecolabelling.net/.
9. **GEDnet.** Global Environmental Declarations Network. [Online] [Zitat vom: 29. 07. 2015.] http://gednet.org/.
10. **GRI.** Global Reporting Initiative. [Online] [Zitat vom: 29. 07. 2015.] http://www.globalreporting.org.
11. **UNEP.** UNEP/SETAC Life Cycle Initiative. [Online] [Zitat vom: 29. 07. 2015.] http://www.lifecycleinitiative.org/
12. **EU-Kommission, Joint Research Centre (JRC), Institute for Environment and Sustainability (IES).** Europäische Plattform für Ökobilanzen. [Online] [Zitat vom: 29. 07. 2015.] http://eplca.jrc.ec.europa.eu/
13. **Europäische Union.** EU-Emissionshandelssystem. [Online] [Zitat vom: 29. 07. 2015.] http://ec.europa.eu/clima/policies/ets/index_en.htm.

14. **GHG Protocol.** Greenhouse Gas Protocol. [Online] [Zitat vom: 29. 07. 2015.] http://www.ghgprotocol.org/.

15. **BSI.** PAS 2050:2011 – Specification for the assessment of the life cycle greenhouse gas emissions of goods and services. [Online] [Zitat vom: 29. 07. 2015.] http://shop.bsigroup.com/en/forms/PASs/PAS-2050/.

16. **Water Footprint Network.** Global Water Footprint Standard. [Online] [Zitat vom 10. 07. 2015] http://waterfootprint.org/en/standard/global-water-footprint-standard/

17. **Berger, Markus und Finkbeiner, Matthias.** Methodological challenges in volumetric and impact-oriented water footprints. *Jornal of Industrial Ecology* 17, 2013, S. 79–89

18. **Wikipedia.** Wikipedia zum Recycling Symbol. [Online] [Zitat vom: 24. 08. 2015.] http://en.wikipedia.org/wiki/Recycling_symbol.

19. **Der Grüne Punkt.** Der Grüne Punkt. [Online] [Zitat vom: 14. 08. 2015.] http://www.gruener-punkt.de.

20. **Daimler AG.** Umwelt-Zertifikate Daimler AG. [Online] [Zitat vom: 14. 08. 2015.] http://nachhaltigkeit.daimler.com/produktverantwortung/umweltgerechte-produktentwicklung.

21. **Grahl, Birgit und Richardsen, Susanne.** Praxiserfahrungen mit Umweltkennzahlensystemen nach ISO 14031 – Anwendernutzen auch für KMU. *Ökologisches Wirtschaften.* 2002, Bd. 5, S. 29.

22. **NORMAPME.** *NORMAPME Nutzerhinweise für europäische KMU zu ISO 26000.* s.l. : NORMAPME, 2011.

23. **Lambert, Gilles.** ISO 14001 certified NGOs give their verdict. *ISO Management Systems.* 4, 2004, Bd. 4, S. 40–44.

24. **LfU Bayern.** Umweltmanagementsystem: Vorteile. [Online] [Zitat vom: 15. 07. 2015.] http://www.izu.bayern.de/faq/detail_faq.php?pid=050501010046.

25. **PAS 1053.** *EPM-Kompas – Eine ökologische Bewertungsmethode für KMU in der Elektrotechnik-, Elektronik- und Maschinenbaubranche.* Berlin: Beuth Verlag, 2005.

26. **Günther, Edeltraut.** EPM-Kompas. [Online] [Zitat vom: 16. 08. 2015.] http://tu-dresden.de/die_tu_dresden/fakultaeten/fakultaet_wirtschaftswissenschaften/bwl/bu/forschung/projekte/epm_kompas_software/.

27. **BDI.** Umweltinformationen für Produkte und Dienstleistungen. [Online] [Zitat vom: 26.07.2015.] http://www.bdi.eu/images_content/KlimaUndUmwelt/umweltinfos_produkte_dilei_broschuere_bf.pdf.

28. **Blauer Engel.** Der Blaue Engel Webseite. [Online] [Zitat vom: 26.07.2015.] http://blauer-engel.de.

29. **Der Blaue Engel.** Erfolgsgeschichten. [Online] [Zitat vom: 16.09.2011.] http://blauer-engel.de/de/blauer_engel/bilanz/erfolgsgeschichte.php.

30. **Carbon Trust.** The Carbon Reduction Label. [Online] [Zitat vom: 16.08.2015.] http://www.carbontrust.com/client-services/footprinting/footprint-certification/carbon-reduction-label/.

31. **PCF Pilotprojekt.** PCF Pilotprojekt. [Online] [Zitat vom: 16.08.2015.] http://www.pcf-projekt.de.

32. **Myclimate.** Myclimate. [Online] [Zitat vom: 16.08.2015.] http://www.myclimate.org/corporate-clients/climate-neutral-with-the-myclimate-label/

33. **Wieland AG.** Institut Bauen und Umwelt. [Online] [Zitat vom: 04.10.2011.] http://bau-umwelt.de/download/CY97db03dX125780a731cX508/EPD_WIE_2009112_D.pdf.

34. **Finkbeiner, Matthias.** Carbon Footprinting – opportunities and threats. *International Journal of Life Cycle Assessment.* 14, 2009, Bd. 2, S. 91–94.

35. **Berger, Markus und Finkbeiner, Matthias.** Water Footprinting: How to Address Water Use in Life Cycle Assessment? *Sustainability.* 2, S. 919–944.

36. **Finkbeiner, Matthias; Schau, Erwin; Lehmann, Annekatrin und Traverso, Marzia.** Towards Life Cycle Sustainability Assessment. *Sustainability.* 2010, Bd. 2, 10, S. 3309–3322.

37. **Finkbeiner, Matthias. Produkt-Ökobilanzen – Methode und Anwendung.** [Buchverf.] M. Myska. *Der TÜV-Umweltmanagementberater.* s.l.: TÜV Media GmbH, 2011, S. 12301, 1–26.

38. **Finkbeiner, Matthias; Wiedemann, Michael und Saur, Konrad.** A Comprehensive Approach Towards Product and Organisation Related Environmental Management Tools. *International Journal of Life Cycle Assessment.* 1998, Bd. 3, S. 169–178.

39. **TU Berlin und Volkswagen AG.** LCM 2011. [Online] [Zitat vom: 29.07.2015.] www.lcm2011.org.

40. **Finkbeiner, Matthias.** *Towards Life Cycle Sustainability Management.* Heidelberg: Springer, 2011. ISBN: 978-94-007-1898-2.
41. **Volkswagen AG.** Volkswagen Umweltprädikate. [Online] [Zitat vom: 27.07.2015.] http://www.volkswagen.de/de/markenwelt/verantwortung/Umweltpraedikate.html
42. **Daimler AG.** Umweltzertifikat C-Klasse. [Online] [Zitat vom: 27.09.2011.] http://nachhaltigkeit.daimler.com/daimler/annual/2009/nb/German/pdf/Umweltzertifikat_Mercedes-Benz_C-Klasse.pdf.
43. **Apple.** Apple Facilities: Environmental Footprint Report Fiscal 2012. [Online] [Zitat vom: 27.07.2015.] https://www.apple.com/environment/pdf/Apple_Facilities_Report_2013.pdf
44. **Neugebauer, Sabrina et al.** Carbon Footprint: Treibhausgas-Emissionen bilanzieren. *VDI Umweltmagazin.* 2012. Band 42, Heft 4/5, S. 68–71
45. **UNEP.** Guidance on Organizational Life Cycle Assessment. [Online] [Zitat vom: 27.07.2015.] http://www.lifecycleinitiative.org/wp-content/uploads/2015/04/o-lca_24.4.15-web.pdf. ISBN: 978-92-807-3453-9
46. **UNEP.** Guidelines for Social Life Cycle Assessment of Products. [Online] [Zitat vom: 27.07.2015.] http://www.unep.org/publications/search/pub_details_s.asp?ID=4102. ISBN: 978-92-807-3021-0
47. **Karlewski, Hannah.** Social Life Cycle Assessment in der Automobilindustrie. Dissertation an der Fakultät III Prozesswissenschaften der Technischen Universität Berlin. 2015
48. **Bach, Vanessa; Schneider, Laura; Berger, Markus und Finkbeiner, Matthias.** Methoden und Indikatoren zur Messung von Ressourceneffizienz im Kontext der Nachhaltigkeit, *Recycling und Rohstoffe*, Band 7, Hrsg: Karl J. Thome-Kozmiensky, Daniel Goldmann (2014), ISBN: 978-3-944310-09-1, pp. 87–101
49. **ESSENZ.** Integrierte Methode zur ganzheitlichen Berechnung/Messung von Ressourceneffizienz, [Online] [Zitat vom: 12.09.2015.] http://www.r3-innovation.de/de/15427
50. **EU Kommission.** Single Market for Green Products Initiative mit Product Environmental Footprint (PEF) und Organisation Environmental Footprint (OEF); [Online] [Zitat vom: 30.07.2015.] http://ec.europa.eu/environment/eussd/smgp/index.htm

51. **BDI.** Positionspapier Product Environmental Footprint (PEF) sinnvoll und konsistent gestalten! [Online] [Zitat vom: 30.07.2015.] http://www.bdi.eu/tdi2013/images_content/KlimaUnd Umwelt/BDI_Positionspapier_PEF_deutsch.pdf

52. **Pfister, Stephan; Koehler, Annette und Hellweg, Stefanie.** Assessing the Environmental Impacts of Freshwater Consumption in LCA. *Environmental Science and Technology*, 2009, 43 (11), S. 4098–4104

53. **Unilever.** Sustainable Living Plan auf Deutsch. [Online] [Zitat vom: 27.07.2015.] http://www.unilever.de/Images/101109_USLP_booklet_deutsch_FINAL_tcm212-241830.pdf.

54. **Bonifatius GmbH.** Unternehmenswebseite. [Online] [Zitat vom: 30.07.2015.] http://www.bonifatius.de/.

55. **Bonifatius.** Emissionsbericht 2010 der Bonifatius GmbH. [Online] [Zitat vom: 30.09.2011.] http://www.bonifatius.de/druckerei/wp-content/uploads/2011/06/110629-CCF-Bonifatius-v01-SKo.pdf.

Normenverzeichnis

DIN SPEC 59 DIN ISO Guide 64: 2010-05	Leitfaden zur Einbeziehung von Umweltgesichtspunkten in Produktnormen (ISO Guide 64:2008)
DIN EN ISO 9001:2015-11	Qualitätsmanagementsysteme – Anforderungen (ISO/FDIS 9001:2015); Deutsche und Englische Fassung FprEN ISO 9001:2015
DIN EN ISO 14001:2015-11	Umweltmanagementsysteme – Anforderungen mit Anleitung zur Anwendung (ISO 14001:2015); Deutsche und Englische Fassung EN ISO 14001:2015
DIN EN ISO 14004:2010-08	Umweltmanagementsysteme – Allgemeiner Leitfaden über Grundsätze, Systeme und unterstützende Methoden (ISO 14004:2004); Deutsche und Englische Fassung EN ISO 14004:2010 [Es besteht ein Entwurf der Überarbeitung von 2015-03]
ISO 14005: 2010-12	Umweltmanagementsysteme – Anleitung für eine phasenweise Einführung eines Umweltmanagementsystems – Unter Einbeziehung der Umweltleistungsbewertung (nur in Englisch verfügbar)
DIN EN ISO 14006:2011-10	Umweltmanagementsysteme – Leitlinien zur Berücksichtigung umweltverträglicher Produktgestaltung (ISO 14006:2011); Deutsche und Englische Fassung EN ISO 14006:2011
DIN ISO 14015:2010-08	Umweltmanagement – Umweltbewertung von Standorten und Organisationen (UBSO) (ISO 14015:2001); Deutsche und Englische Fassung EN ISO 14015:2010
DIN EN ISO 14020:2002-02	Umweltkennzeichnungen und -deklarationen – Allgemeine Grundsätze (ISO 14020:2000); Deutsche Fassung EN ISO 14020:2001
DIN EN ISO 14021:2012-04	Umweltkennzeichnungen und -deklarationen – Umweltbezogene Anbietererklärungen (Umweltkennzeichnung Typ II) (ISO 14021:1999 + Amd 1:2011); Deutsche und Englische Fassung EN ISO 14021:2001 + A1:2011

DIN EN ISO 14024:2001-02	Umweltkennzeichnungen und -deklarationen (Umweltkennzeichnung Typ I) – Grundsätze und Verfahren (ISO 14024:1999); Deutsche Fassung EN ISO 14024:2000
DIN EN ISO 14025:2011-10	Umweltkennzeichnungen und -deklarationen – Typ III Umweltdeklarationen – Grundsätze und Verfahren (ISO 14025:2006); Deutsche und Englische Fassung EN ISO 14025:2011
DIN EN ISO 14031:2013-12	Umweltmanagement – Umweltleistungsbewertung – Leitlinien (ISO 14031:2013); Deutsche und Englische Fassung EN ISO 14031:2013
DIN EN ISO 14040:2009-09	Umweltmanagement – Ökobilanz – Grundsätze und Rahmenbedingungen (ISO 14040:2006); Deutsche und Englische Fassung EN ISO 14040:2006
DIN EN ISO 14044:2006-10	Umweltmanagement – Ökobilanz – Anforderungen und Anleitungen (ISO 14044:2006); Deutsche und Englische Fassung EN ISO 14044:2006
DIN EN ISO 14045:2012-10	Umweltmanagement – Ökoeffizienzbewertung von Produktsystemen – Prinzipien, Anforderungen und Leitlinien (ISO 14045:2012); Deutsche und Englische Fassung EN ISO 14045:2012
ISO/TR 14047:2012	Umweltmanagement – Ökobilanz – Beispiele zur Anwendung von ISO 14044 zur Wirkungsabschätzung (nur in Englisch verfügbar)
ISO/TS 14048:2002	Umweltmanagement – Ökobilanz – Datendokumentationsformat (nur in Englisch verfügbar)
ISO/TR 14049:2012	Umweltmanagement – Ökobilanz – Beispiele zur Anwendung von ISO 14044 zur Festlegung des Ziels und des Untersuchungsrahmens sowie zur Sachbilanz (nur in Englisch verfügbar)
DIN EN ISO 14050:2010-08	Umweltmanagement – Begriffe (ISO 14050:2009); Dreisprachige Fassung EN ISO 14050:2010
DIN EN ISO 14051:2011-12	Umweltmanagement – Materialflusskostenrechnung – Allgemeine Rahmenbedingungen (ISO 14051:2011); Deutsche und Englische Fassung EN ISO 14051:2011

DIN-Fachbericht ISO/TR 14062:2003	Umweltmanagement – Integration von Umweltaspekten in Produktdesign und -entwicklung; Deutsche und Englische Fassung ISO/TR 14062:2002
DIN EN ISO 14063:2010-10	Umweltmanagement – Umweltkommunikation – Anleitungen und Beispiele (ISO 14063:2006); Deutsche Fassung EN ISO 14063:2010
DIN EN ISO 14064-1:2012-05	Treibhausgase – Teil 1: Spezifikation mit Anleitung zur quantitativen Bestimmung und Berichterstattung von Treibhausgasemissionen und Entzug von Treibhausgasen auf Organisationsebene (ISO 14064-1:2006); Deutsche und Englische Fassung EN ISO 14064-1:2012
DIN EN ISO 14064-2:2012-05	Treibhausgase – Teil 2: Spezifikation mit Anleitung zur quantitativen Bestimmung, Überwachung und Berichterstattung von Reduktionen der Treibhausgasemissionen oder Steigerungen des Entzugs von Treibhausgasen auf Projektebene (ISO 14064-2:2006); Deutsche und Englische Fassung EN ISO 14064-2:2012
DIN EN ISO 14064-3:2012-05	Treibhausgase – Teil 3: Spezifikation mit Anleitung zur Validierung und Verifizierung von Erklärungen über Treibhausgase (ISO 14064-3:2006); Deutsche und Englische Fassung EN ISO 14064-3:2012
DIN EN ISO 14065:2013-07	Treibhausgase – Anforderungen an Validierungs- und Verifizierungsstellen für Treibhausgase zur Anwendung bei der Akkreditierung oder anderen Formen der Anerkennung (ISO 14065:2013); Deutsche und Englische Fassung EN ISO 14065:2013
ISO 14066:2011	Treibhausgase – Kompetenzanforderungen für Validierungs- und Verifizierungsteams von Treibhausgasen (nur in Englisch verfügbar)
DIN EN ISO/IEC 17021-1:2015-11	Konformitätsbewertung – Anforderungen an Stellen, die Managementsysteme auditieren und zertifizieren – Teil 1: Anforderungen (ISO/IEC 17021-1:2015); Deutsche und Englische Fassung EN ISO/IEC 17021-1:2015

BS OHSAS 18001:2007	Arbeits- und Gesundheitsschutz – Managementsysteme – Anforderungen (nur zum Download)
DIN EN ISO 19011:2011-12	Leitfaden zur Auditierung von Managementsystemen (ISO 19011:2011); Deutsche und Englische Fassung EN ISO 19011:2011
DIN ISO 26000:2011-01	Leitfaden zur gesellschaftlichen Verantwortung (ISO 26000:2010)

Stichwortverzeichnis